铀之战

开启核时代的科学博弈

［美］阿米尔·D.阿克塞尔（Amir D. Aczel）／著
孙 扬 杨迎春／译

URANIUM WARS

The Scientific Rivalry that Created the Nuclear Age

科学出版社
北京

图字：01-2025-0536 号

内 容 简 介

本书讲述了一个与能源、经济和国家安全等密切相关的、天然存在的最重的元素“铀”的科学故事。书中追溯了一大批伟大科学家如费米、迈特纳、海森堡、哈恩、居里夫妇和女儿、玻尔等的科学探秘之路，讲述了那些为铀而战的科学家们艰苦的奋斗、面对的挑战、取得的胜利以及发生在他们之间的科学博弈。正是他们开创性的研究促成了原子核裂变和链式反应的发现，这是核能发电和核武器应用的两个基本要素。然而，科学家的成果被政治所利用，导致了广岛和长崎的原子弹爆炸，影响了其后 40 多年的冷战历史以及我们现在所处的核时代——一个既要面对核武器扩散和核力量扩张，又必须利用核能应对全球变暖的极具挑战的时代。

图书在版编目（CIP）数据

铀之战 ：开启核时代的科学博弈 /（美）阿米尔·D.阿克塞尔(Amir D. Aczel)著 ；孙扬，杨迎春译. -- 北京 ：科学出版社，2025. 6. --ISBN 978-7-03-082336-6

Ⅰ. TL211-49

中国国家版本馆 CIP 数据核字第 2025KB0274 号

责任编辑：余　丁 / 责任校对：胡小洁
责任印制：师艳茹 / 封面设计：有道文化

科学出版社 出版
北京东黄城根北街 16 号
邮政编码：100717
http://www.sciencep.com

北京建宏印刷有限公司印刷
科学出版社发行　各地新华书店经销

*

2025 年 6 月第　一　版　开本：880×1230　1/32
2025 年 6 月第一次印刷　印张：8 3/8
字数：188 000

定价：69.00 元

（如有印装质量问题，我社负责调换）

前　言

人们在新闻报道里经常听到有关核问题的讨论，诸如国际社会对伊朗核计划的反应、巴基斯坦的核武器等。与此同时，政治家和科学家们在构思人类的未来：核反应堆星罗棋布，其产生的能量可以使人类摆脱对化学燃料的依赖。事实上，核能确实可以帮助人类应对全球变暖，因为核能不会有碳排放到大气层。然而，核废料的污染以及像1986年苏联切尔诺贝利的重大核事故，又使人们对使用这种无碳能源充满了忧虑与恐惧。

尽管类似的新闻报道铺天盖地，但很少有人能够真正理解这些信息。伊朗核中心的9 000台离心机夜以继日地运行，究竟是在做什么？什么是铀提纯？这些机器怎么生产纯铀？究竟是什么力量蕴藏在这些全世界许多地方都能找得到、看起来很不起眼的铀元素里，而这种元素为什么能供给原子弹如此巨大的破坏力？

大多数人都知道第二次世界大战结束时那两颗摧毁广岛和长崎的原子弹，很多人也知道制造原子弹的工程称为曼哈顿计划。但是很少有人知道这背后的完整故事：铀是如何被发现，人们又是怎样了解了它的性能以及各国科学家们在铀的研究这个问题上曾有过怎样的博弈。很少有人知道铀原子会经历不寻常的裂变，即铀原子受到一个微小的亚原子粒子撞击后将一分为二。

科学家们想争先弄懂其中的过程。他们先是发现原子核裂变所释放的能量正是阿尔伯特·爱因斯坦的著名公式 $E = mc^2$ 所预言的能量。随后，一个更有意思的设想产生了，并且很快人们就把它变成了现实，这就是链式反应。当有大量的铀原子通过这种连锁反应而产生裂变时，就是核爆炸。如果链式反应能得到一定的控制而使得裂变反应平稳进行，铀裂变就可以用于民用核电站来产生能量。

当今世界发展处于风云变幻中，因此关于能源、经济和国家安全的政策都在某种程度上依赖于人们对铀的性能和利用的透彻理解。因此，铀的故事非常重要。

人们关于核过程、原子弹和核能的所有知识均源于第二次世界大战。那些逃离了纳粹铁蹄的科学家们首先在美国造出了原子弹，走在了“第三帝国”①同行的前面。核能像一把双刃剑：它虽然能为我们的和平家园提供能量，但同时有些国家又把发展核武器作为一种藐视和挑战国际社会的手段。

核武器造成的破坏是战后的遗留问题，而在第二次世界

① “第三帝国”即 1933—1945 年希特勒和纳粹党统治下的纳粹德国。1945 年 5 月纳粹德国战败，第二次世界大战欧洲战场宣告结束，第三帝国亦不复存在——译者注。

大战前，原子核对科学家们来说则是一个谜，对它的成功探究不愧为一个科学奇迹。本书勾画了那些带给我们有关原子弹知识的科学家们的工作和生活，评价了他们承担的责任，探讨了他们的成就，并揭秘他们的研究成果被政府利用而导致广岛与长崎原子弹爆炸悲剧背后的故事。其实这也是一个国家的决策层和科学界之间的角逐。所有这些都是我热心探讨的问题，这些问题让我着迷又困惑了一生。

20 世纪 70 年代，我在加利福尼亚大学（简称“加州大学”）伯克利分校学习数学和物理时，曾经在放射性元素的相关实验室工作，实验中用到的技术就是由我将要讲述的一些科学家所开发的。在我的物理学习生涯中，我有幸遇到了一位在近代物理和原子核物理中扮演了重要角色的人：德国物理学家和量子理论先驱海森堡。那次会面对我影响很大，作为一个年轻学生，我深深地敬佩海森堡的才华和他对量子力学的理解。

尽管海森堡从不谈论他在战争期间为德国开发过原子弹，但我知道这位风度翩翩者有他刻意隐藏的一面。20 多年后也就是 20 世纪 90 年代，有证据显示海森堡在纳粹的原子弹计划里起过至关重要的作用。这使我看到了做科学的艰辛和其中的危险，科学家有时会受到政客们的操纵而不得不俯首听命。

还有许多科学家也在发展核能和核武器中起过关键作

用。他们中有些人很清楚自己在做什么，而对政府把自己的研发成果拿去做什么用则毫无兴趣。还有一些人或许更幼稚，竟然相信他们在政治决策中有权发声。本书讲述的是一个复杂又神奇的故事，关于科学家破解自然界秘密的科学博弈，他们的发现如何被用于史上最庞大的武器研究——曼哈顿计划，最终给人类带来了原子弹。

本书追溯了那些关键人物的科学探秘之路，正是他们开创性的研究导致了裂变和链式反应的发现，这是核能发电和制造核武器的两个基本要素。这些科学家包括莉泽·迈特纳这位终身为反抗性别歧视和反犹太主义而斗争的奥地利女物理学家，她是第一位解释裂变过程的科学家。故事还包括20世纪一位多才的物理学家、意大利人恩里科·费米的开创性实验。费米原以为在实验中看到了超铀元素，而事实上他的关于放射性和原子本质方面的发现更加重要，这直接导致了他后来在芝加哥大学足球场附近原子核链式反应的实现。本书还将介绍卓越的丹麦物理学家尼尔斯·玻尔。玻尔本人关于铀裂变的工作至关重要，他还影响了几乎所有涉及这项研究的科学家的生涯。本书描述了那些为铀而战的科学家们艰苦的奋斗、面对的挑战、取得的胜利以及他们之间的博弈。这场科学博弈导致了广岛和长崎的原子弹爆炸，产生了后来的冷战以及我们现在所处的核时代——一个既要面对核武器扩散和核力量扩张，又需要利用核能应对全球变暖的极具挑战的时代。

本书人物介绍

主要人物

恩里科·费米：意大利物理学家，诺贝尔奖获得者，移民到美国的世界著名中子辐射专家，于 1942 年在芝加哥大学首次实现了裂变链式反应。

维尔纳·海森堡：德国物理学家，量子先驱，一位参与过纳粹原子弹项目的诺贝尔奖获得者。

莉泽·迈特纳：移居瑞典的奥地利犹太物理学家，确立了裂变理论，在物理方面作出了开创性工作。

奥托·哈恩：德国化学家，迈特纳的合作者，留在德国的另一位诺贝尔奖获得者，或许曾暗中反对希特勒。

伊蕾娜·约里奥-居里：皮埃尔和玛丽·居里的长女，在铀研究方面有关键性的贡献，诺贝尔奖获得者，也是迈特纳和哈恩强大的竞争对手。

尼尔斯·玻尔：丹麦物理学家，诺贝尔奖获得者，提出了原子模型，开展了裂变的理论研究。许多科学家和他的哥本哈根研究所有联系。

次要人物

安东尼·亨利·贝可勒尔：法国物理学家，发现了铀辐射现象，与居里夫妇分享了诺贝尔奖。

詹姆斯·查德威克：英国物理学家，诺贝尔奖获得者，中子的发现者。

玛丽·居里：波兰、法国的物理学家、放射性专家，发现了钋和镭，在不同领域中两次荣获诺贝尔奖。

皮埃尔·居里：玛丽的丈夫和同事，和玛丽共享了她的第一个诺贝尔奖。

阿尔伯特·爱因斯坦：他的著名公式 $E = mc^2$ 使这一切成为可能。

奥托·弗里施：莉泽·迈特纳的外甥，物理学家，帮助他的姨妈推导了裂变理论，后来参与了曼哈顿计划。

弗雷德里克·约里奥：伊蕾娜·居里的丈夫和同事，与他的妻子共获诺贝尔奖。

马丁·克拉普罗特：德国化学家，铀元素的发现者。

保罗·郎之万：法国物理学家，玛丽·居里的同事，也是挚友。

艾托里·马约拉纳：意大利物理学家，恩里科·费米的同事，在这场原子弹竞赛之前的 1938 年神秘失踪。

尤金·皮里哥：法国化学家，为铀提纯作出了贡献。

威廉·康拉德·伦琴：德国物理学家，X 射线的发现者，因此获诺贝尔奖。

欧内斯特·卢瑟福：新西兰出生的英国物理学家，诺贝尔奖获得者，利用铀的放射性首先发现了原子核，他的实验室里培养出了第一代核科学家。

利奥·西拉德：匈牙利出生的美国物理学家，认识到铀可以引起连锁反应，是一位反对核武器扩散的活动家。

约翰·阿奇博尔德·惠勒：美国物理学家，核裂变的共同发现者。

其他人物

这本书讲述的是科学史上的一个最叹为观止的故事。它跨越了许多年，涉及许多人的工作。谁应该成为这个故事的主要人物是件棘手的事，其中难免有个人情感。有些人物也许在 20 世纪的物理学中扮演着重要的角色，虽然他们会出现在故事里，但并没有在上面列出来。还有一些人书中没有提到，这些人的工作以及对故事发展的影响可能同样重要，没有列出的原因是他们不属于我想要讲述的故事主旨。例如，由于要保持故事的主线简洁和侧重点，我删除了许多曼哈顿计划（铀的故事的最高潮）的参加者。这个项目涉及大量人物，为了故事的清晰性，我只能选择其中一些相关人物。如爱德华·泰勒和约翰·冯·诺伊曼在美国原子弹发展方面发挥了关键作用，但他们的工作并不是我的主题；因此，即使他们很重要，泰勒和冯·诺伊曼也只是简单地提及。

上面的人物名单只包括科学家。然而，故事也涉及其他人物的工作，其中有政治家、军人和外交官，罗列如下。

莱斯利·格罗夫斯将军：曼哈顿计划的军事总指挥。

富兰克林·德拉诺·罗斯福：美国总统，第二次世界大战结束前的1945年4月12日逝世于办公室。

亨利·史汀生：杜鲁门政府的战争部部长。

哈里·杜鲁门：美国总统，曾任罗斯福执政时的副总统，在罗斯福逝世后就任美国总统。

原子术语

物质 物质是日常生活中在地球上看到的所有东西，在我们的环境周围或空间中的所有固体、气体和液体。宇宙中的物质是由分子组成的，分子是连在一起的原子集团（如水是由两个氢原子和一个氧原子通过化学键连在一起的），或单原子（如氦气是由许多单个氦原子组成的）。宇宙中还存在一种不能解释的物质——人们知道它们的存在，但无法观察到，这就是“暗物质”——到目前为止，人们对暗物质一无所知。

原子 原子是本书故事中最大的粒子（因为我们通常不涉及化学领域的分子），它的大小比肉眼可见的最小物质还要小很多。它有一个被电子包围着的核。

原子核 原子核是原子的核心——位于相比之下大得多的原子的中心，是体积非常小但非常重的核心。

质子 质子是一种带正电的粒子。

中子 中子是一种中性粒子，很像质子却没有电荷。质子和中子都称为核子，因为它们处于原子核内。

电子 电子是一种微小的、带负电的粒子。

阿尔法粒子（α 粒子） α 粒子实际上由四部分组成：两

个质子和两个中子。它就是一个氦核（指的是一个没有电子的氦原子）。α 粒子从原子核里以很快的速度飞出，这是放射性物质衰变时释放的一种粒子。

贝塔粒子（β 粒子） β 粒子是从原子核里放射出来的电子，而不是来自原子的电子轨道上（即不是围绕着原子核旋转）的电子。β 粒子以很快的速度从原子核里飞出，这也是放射性物质衰变时释放的一种粒子。

伽马射线（γ 射线） γ 射线是放射性物质衰变时释放的一种射线，是一种无质量但能量很高的电磁波。

中微子 中微子非常非常之小，可也有质量。它几乎与物质没有任何相互作用。

反中微子 反中微子是和中微子性质相仿的一种粒子。

正电子 正电子和电子是一对电性相反的孪生兄弟；它带一个正电荷。

反质子 反质子和质子是一对电性相反的孪生兄弟；它带一个负电荷。

目　录

引言

那刺眼的闪光

1945 年 8 月 6 日，一个晴朗炎热的夏日。上午 8 点 15 分，日本西南部富饶的太古川三角洲城市广岛的高空中有敌机出现，警报立即响彻整个城市。紧接着刺眼的闪光出现了，就是那个后来常被描述为巨大螺栓的闪光。一些幸存者说他们看到了一串闪光，接着是爆炸声和伴随着强烈火焰的冲击波。几分钟之内，大火蔓延整个城市，广岛处处都是烧焦的肉体、燃烧的金属和木头。

罪魁祸首就是原子弹，这枚原子弹投向了 35 万名毫无防备的城市平民。美军战机艾诺拉·盖运载着用铀-235 这种稀有元素制造的原子弹，投向广岛市中心，而铀-235 就是在曼哈顿计划秘密实施的这两年多时间里提纯出来的。美国最先进的战略轰炸机承担了这一使命，当时有 15 架类似的飞机可以携带原子弹，待命执行这次或后续任务。

1945 年 8 月 6 日凌晨，其他两架 B-29 轰炸机伴随这架艾诺拉·盖飞机从位于马里亚纳群岛的提尼安岛美国大型空军基地起飞。其中一架 B-29 的任务是拍摄爆炸照片。经过大约 6 小时的飞行后，它们于上午 8 点 15 分到达了广岛上空 32 000 英尺[①]的地方。当艾诺拉 · 盖飞机位于市中心时，指挥官一声令下，这枚代号为“小男孩”的原子弹被扔了下来。

飞机迅速扭转方向扬长而去，以避免受到核辐射。“小男孩”在空中跌落了将近 1 分钟。当下落到 1 900 英尺的高度时，按照设计，一个小型常规炸弹被引爆，将原子弹内的两块铀-235 汇合。这个过程使得铀的总量超过了产生裂变所需要的最小值。这时参与连锁反应的无数个原子核在瞬间都被一分为二，微小的质量因而转换成巨大的能量，引起了可怕的爆炸。爆炸摧毁了整个城市，也开启了我们今天生存的核时代。

距爆炸中心 1 英里[②]范围内的人完全消失了。由于强辐射，有一个人在断壁残垣上留下了他的身影。爆炸半径 1 英里内的所有建筑物都被炸得粉碎。

西本节子回忆了当时的情况。她当时住在距离城市几英里以外的一个村庄。她的丈夫那天本不想出去工作，后来很勉强地和老乡一起乘牛车去广岛拆除一座老楼。

“当时我正在家里上厕所，”节子回忆道，“开始我还以为是闪电，接着砰的一声巨响，屋里顿时变得伸手不见五指。

① 1 英尺≈0.304 8 米——译者注。

② 1 英里≈1 609 米——译者注。

推拉门和屏风都倒了，巨大的风力甚至吹倒了墙。我朝广岛方向看去，只见一朵黑云升起。”

节子看到广岛周围都是大火，似乎整个城市都在燃烧。她为她的丈夫担心，不过还没有意识到事态的严重性，猜想她的丈夫应该是被叫去参加救火了。下午有人从广播喇叭里听到：“广岛已被彻底摧毁。”爆炸的幸存者在夜间被疏散到一个工厂，接受医务人员的治疗。

节子去找她的丈夫。她后来回忆道：“在人山人海中，我看到了一片狼藉。”大部分人衣服被撕裂，尸体被烧焦，脸肿得看不到眼睛，手和脚由于燃烧和辐射变得肿胀恐怖。一位女士描述她所看见的被严重烧伤的一个人：“他的皮看起来像层玻璃纸。”

节子没有找到丈夫，那个时候即使能够找到自己的亲人，结局也只能是悲剧。没有人能躲过辐射效应。一周后，节子发了高烧，她的头发一碰即掉。与许多当时没有在爆炸中心的人一样，节子暂时躲过了一死，但是躲不过严重的辐射病。那些幸存下来的人均在极度痛苦之中度过残年。

据估计，广岛大约有 15 万人被烧死，还有至少 10 万人死于辐射。

在广岛爆炸 3 天后，美国在日本长崎投下了第二颗原子弹，代号为“胖子”。胖子带有一个钚芯，比第一颗原子弹还大。第二次攻击导致 7.5 万人丧生，在随后几年里有更多的人死于辐射疾病和癌症。

在广岛和长崎，癌症发病率被证明与这两个城市的居民所受的总辐射直接相关，发病率在最接近爆炸中心的群体中急剧上升。日本作家大江健三郎说，幸存的原子弹受害者“伴随可怕的记忆活着，带着疾病在等死”。

广岛和长崎向世人展示了一种科学导致的毁灭——一个用飞机或导弹运载的武器足以摧毁整个城市。它完全不同于当时的传统化学炸弹，这种武器诞生于一次科学的飞跃。

原子弹打击后的广岛（图片源自网络“维基百科”）

是什么造成了这种可怕的结果？在摧毁这两座日本城市之前究竟发生了什么？科学在其中起了什么作用？那些色彩

绚丽的远古铀矿石在沉睡了许多世纪后，又如何变成一个产生巨大杀伤力的元凶？究竟是什么导致其转变成一种不可控制的爆发？

我们见过很多关于原子弹的书，也有一些书专门探讨投放原子弹的战略决策。而本书与那些书不一样，本书的目的是向读者讲述这背后的科学故事。此外，大多数关于原子武器的书是从冷战的角度来写的。谁的原子弹大，从逻辑上就可能吓倒对方。而现在冷战已经结束了，我们完全可以从另一个不同的角度来思考：核能不再作为一个破坏性武器，而是作为一种能量资源。如果有一天安全问题解决了，核能可以满足我们不断增长的工业、商业以及住宅对能源的需求，同时还能保护我们的地球使之不再变暖。我们也应该学会控制核扩散。来自昔日冷战的威胁虽已基本消失，但我们需要确保永远远离那些制造核浩劫的幽灵。

原子核裂变有一段复杂但极具故事性的历史。是哪些科学家发现了放射性和原子核裂变？为什么科学家能够想到一个原子可以分裂，并产生那么大的能量？是什么导致研究人员和思想家假设原子并不是一块坚如磐石的、不可改变的物质，而是在适当条件下能变成完全不同的东西，如热、光、电和冲击波这些形式的能源？为什么铀能够产生毁灭性的力量？难道是科学家们试图制造这种毁灭世界的武器，还是他们只是政治棋盘上的一粒棋子？是否可以避免产生对原子弹的恐惧？

原子弹的诞生是一个持续经历了数十年历史的重大科学事件，而这种不起眼的灰色铀元素也把人类推向了战争的前夜。

1 物理和铀

铀是自然环境中能找到的最重的元素，它的相对原子质量为 238（还有比较少见的铀-235）。由于铀很重，其形成过程和那些轻核完全不一样。铀产生于一次巨大的恒星爆炸，即超新星爆发。我们的太阳系包括地球，都是由宇宙中那些曾经的邻居在爆发后留下的恒星残余物所组成的。宇宙初期大爆炸时产生的氢和氦元素通过发生在原子核内部一个称为聚变的核过程，一步一步地由较轻的元素融合成较重的元素，像碳、氮、氧以及元素周期表上一直到铁的所有元素，就是这样在恒星内部形成的。一颗质量比太阳还大的恒星在其生命终结时，核燃烧所产生的元素就会像尘埃一样被喷撒到星际空间中。在经历许多年之后，这些“尘埃”会凝聚成团，就像约 45 亿年前太阳系的形成那样，地球上的元素由此而来。这些来自超新星的“尘埃”物质与一般星球死亡后的残余物质相混合，铀就这样来到了地球。

铀遍布地球，以很小的比例存在于岩石及海水之中。但铀究竟是什么呢？

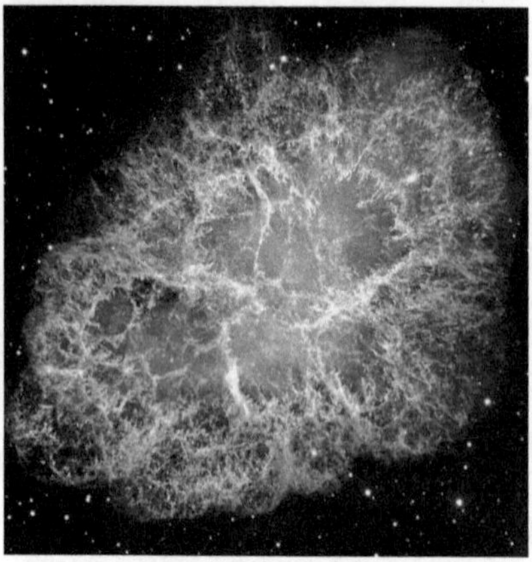

超新星爆发后的遗迹

（图片源自 https://www.nasa.gov）

宇宙中的物质是由原子构成的。原子与原子相结合形成分子，如水分子由两个氢原子和一个氧原子构成；再如二氧化碳分子由一个碳原子和两个氧原子构成。每个原子都有一个核心，称为原子核。相比于整个原子，原子核非常小。假设一个原子是一辆公共汽车，那么原子核就只是坐在汽车里乘客手中报纸上面的一个字符。原子核的内部非常致密，含有带正电荷的质子以及称为中子的电中性粒子。

不同元素的核内有不同数目的质子和中子。原子的其余部分由带负电的电子组成。电子绕着原子核旋转。这些电子轨道和轨道之间的空间占据了原子绝大部分的体积。

氢是宇宙中最简单、最轻的元素，它的核就是一个质子。氦核比氢核要大，它的核由两个质子和两个中子组成。氢有一个电子，而氦有两个电子围绕它们的原子核旋转。铀非常重，它的原子核中有 92 个质子和 146 个中子。与其他原子一样，铀还有与质子相同数目的电子，铀有 92 个电子围绕着铀原子核旋转。

与众不同的是，铀原子核里含有大量的中子。这些中子显著地增加了铀原子的重量，从而使其产生放射性。由于铀又重又致密，再加上其内部条件，铀核会慢慢地分解，产生以释放 α 粒子（也就是氦原子核）为主的辐射。在整个过程中，铀先变成较轻的放射性元素，而这些较轻的元素继续不断地分解并产生辐射，最终变成（非放射性的）铅原子核。通常把用来描述放射性元素分解的时间称为半衰期，就是有一半的元素经过辐射分解所需要的时间。铀的半衰期特别长：一半的铀-238 变成铅需要经历 44.7 亿年。在地球深处岩石中铀的辐射会产生大量热能，使地心保持温暖。从这个意义上来说，铀也参与地球的地质活动。

铀的天然化合物具有许多艳丽的色彩：有明亮的黄色、发光的橙色，还有荧光绿、暗红色和黑色。这些闪亮的矿物吸引了古罗马艺术家，他们用铀化合物来装饰陶器、着色玻璃。濒临那不勒斯湾的波西利波考古发掘中曾发现了用含铀矿物着色的古罗马玻璃瓮。

铀的故事始于 16 世纪初。当时在属于德国萨克森州管辖内的一个温泉地区发现了银矿，于是许多人蜂拥而至，建立了圣约阿希姆谷（也有人称其为约阿希姆斯塔勒尔）这座小城。这里很快就变成了有 2 万居民的欧洲最大的采矿中心，而离它最近的大都市布拉格当时也只不过拥有 5 万居民。以这座小城的名字命名的 200 万枚银币（称为约阿希姆斯塔勒尔银币）当时被用作奥匈货币。约阿希姆斯塔勒尔银币后来简称为塔勒，逐渐为世界许多国家所接受并发展成今天熟悉的通货单位“元”（dollar）。

1570 年，国王马克西米利安二世下令在约阿希姆斯塔勒尔开发更多的银矿，同时希望发现其他贵重金属。在使用改进了的开采技术后，人们在几年内发现了铋、钴等矿藏。然而有一些奇怪的东西也随之出现，它们看起来既不像银、钴或锡，也不像挖出的其他任何金属。这是一种黑色化合物，

德国开采的沥青铀矿（图片源自网络“维基百科”）

当地矿工们把它称为沥青铀矿，是从德语的“黑色”和“矿物质”中取义的。没有人知道它有什么用，就把它当成开采的废料丢到了一边。

马丁·海因里希·克拉普罗特（1743—1817）是一名受过良好训练的药剂师，一生当中在德国许多地方的药房工作过，最后定居柏林。克拉普罗特生就一张严肃的脸，是个严谨、一丝不苟的人。他既是一个成功的商人，又是一位充满好奇心的科学爱好者。他的理想抱负远远不止于配药，他还研究化学。他曾提出新颖的化合物分析方法，从而开创了分析化学这一领域。克拉普罗特具有处理矿物质的高超本领，通过用盐酸、硫酸将其溶解，再使之氧化或通过加热，从而确定矿物质的成分。几年内，克拉普罗特用他自己的方法发现了铈（一种银色稀土金属），并且解释了多种化合物的成分。

克拉普罗特

（图片源自网络“维基百科”）

当克拉普罗特听到传闻说在约阿希姆斯塔勒尔矿里发现了一种奇怪的新矿物时，他立刻产生了极大的兴趣。于是，他去了约阿希姆斯塔勒尔考察这种神秘化合物，并带了些样品回到柏林。他对化合物进行了各种测试，包括用酸和氧化剂腐蚀它以观其性质。经过数月的艰苦工作和多次沮丧的失败后，他终于在 1789 年设法找到了正确的化学试剂，成功地从沥青铀矿里提取出被他称为“一种奇怪的半金属”的物质。通过对这种奇怪化合物的各种检验，他确定这是一种从来没有见过的金属氧化物。

出生于德国的英国天文学家威廉·赫歇尔在 1781 年发现了后来用希腊神名字命名的天王星（Uranus）。出于对赫歇尔发现的敬仰，克拉普罗特把他发现的新元素命名为铀（Uranium）。这是个慷慨的赠予，因为根据科学界约定他完全可以用他自己的名字给新元素命名。如果这样的话，铀就可能称为 Klaprothium 了。

克拉普罗特关于铀的发现以及对其他金属的分离和识别使他成为德国最伟大的，也是人类有史以来最伟大的化学家之一。1810 年，柏林大学为他设立了讲座教授职位。

在克拉普罗特确认铀的发现之后，在世界其他地方也相继找到了铀，只是储存量没有约阿希姆斯塔勒尔那么多。到了 21 世纪的今天，人们发现在加拿大、澳大利亚和非洲刚果一些地区，铀的储存量可能会超过萨克森。在英国的康沃尔郡、法国的莫尔旺以及奥地利和罗马尼亚的一些地方也找到了铀。

克拉普罗特从矿物中提取的是这种新金属的氧化物，即铀和氧的化合物，而化学家们想要的是纯正的金属。他们知道克拉普罗特提取的仅仅是一种化合物，而不是纯元素，因为那时人们能区分出粉末化合物和固态金属。人们意识到这种纯金属很重，密度极大，把它从化合物中分离出来很困难。1841 年，法国化学家尤金·皮里哥利用很强的热化学反应，把氧化铀与钾一起加热来分离铀和氧。他成功地完成了这项复杂的试验，先把氧化铀变成了一种盐，即氯化铀，然后通过化学方法用钾进行还原反应。随着钾开始与铀盐反应（因为在高温下钾与氯发生的反应比铀与氯的反应更强），皮里哥突然看见闪亮的金属现身了——这是真正的纯铀。它看上去很像银，但很快在空气中再次被氧化。

到了 19 世纪中叶，化学家们已确认发现了这种重金属元素。但它在其他已知元素家族中处于什么位置？它与自然界中的其他元素又有何关系呢？

化学家在 18 世纪末已经会区分纯元素（如金属钠）和化合物（如氯化钠，即食盐）。虽然人们已有一些有关元素的化学反应活性方法——把元素合成化合物的方法，但如何将元素分类，没有人能回答这个问题。在整个 19 世纪，由于化学的进步，人们不断发现新的化合物并从中分离出纯元素。不过人们对元素的理解还非常凌乱，如元素在宇宙中是怎样组合在一起的，一种元素又如何与另一种相关联。化学家们发现了不同元素之间的一些反应规律，并由此绘制了一张表。

到 1830 年为止，表中已列出了 55 种元素。这些就是宇宙中元素的全部吗？如果不是，那还有多少元素没有被发现？由于人们还不完全了解元素的行为规则，即使列出了表也没有很大意义。人们所需要的是一种逻辑性排布所有元素的，能反映它们彼此之间化学反应的表。

德国化学家约翰·沃尔夫冈·德贝莱纳于 1817 年让化学列表朝着元素的逻辑分类方向迈出了第一步。他的研究表明，如果把元素的相对原子质量按升序排列，则有些元素恰好可以置于另外一对元素的中间。如锶（相对原子质量约为 88）适合放在钙（相对原子质量接近 40）和钡（相对原子质量约 137）中间。他发现了一些类似这样的 3 个元素一组的排列规律，并开始为其他化学元素分组。虽然还有一些化学家发展改进了这个思想，但真正获得突破性成功的是一位具有远见卓识的俄国化学家。

德米特里·门捷列夫（1834—1907）生于西伯利亚，于 1865 年成为圣彼得堡大学的教授。他在 1871 年完成了他的杰作——元素周期表。门捷列夫元素周期表的思想是按照所有已知元素的相对原子质量、相同的化学反应活性及相似的物理属性来分类。门捷列夫将当时所有已知的元素，以相对原子质量的增序方式按每种元素的化学性质来列表。这张表表明，铀是所有已知天然元素中最重的。元素周期表的结构很自然地将行为相似的元素置于一组。如氟、氯、溴和碘（称为卤素）处于同一列——正如我们今天所知道的，它们都是通过得到一个电子而形成相似的化合物。同样，锂、钠和钾是行为相似的金属（它们都是“捐献”出一个电子而形成盐）。后来人们发现决定化学活性的是原子序数（原子中的质子或电子数）而不是相对原子质量（中子和质子数之和）。尽管如此，这对于门捷列夫的元素周期表并没有什么影响。

若干年后，表上添加了一些由实验室产生的、比铀还重的元素，其中包括钚、锿和钔——最后两个是以爱因斯坦和门捷列夫的名字命名的。

铀在元素周期表上地位特殊，好像是个被边缘化了的元素。它产生于大质量恒星的超新星爆发，而作为最大和最重的天然元素，当时它位于表中最后一位。铀的原子序数为 92，价电子数（即化学反应中共用或“捐献”的电子数）是 6 或 4。因此，铀在同位素分离的工业纯化过程中，通过与 6 个氟原子反应产生气体状态的六氟化铀，即可按重量用离心机分离。纯铀是一种很重的银白色金属，感觉像一块铅，它没有铅的颜色那样深，但它可以被擦亮。铀具有放射性，能衰变成其他元素。除了最终产物铅之外，从铀开始的放射性衰变链中的所有元素都具有放射性。可是辐射是什么？放射性又是什么，是如何发现的呢？

没有人刻意去寻找辐射。辐射的发现是科学史上的一个极具偶然性的事件，发生在 1895 年 11 月 8 日黄昏，德国维尔茨堡大学的一个实验室。威廉·康拉德·伦琴（1845—1923），一位 50 岁的物理教授用他自己发明的电热管在做一个常规实验时，突然注意到放在离他几英尺远长凳上的化学涂层纸在微弱发光。他惊呆了！他关掉电热管的电源，辉光立即消失；重新开启一次，辉光再次出现。伦琴意识到由这次偶然导致的一个惊人发现——一种可以诱导产生的辉光。伦琴推测这是由来自电热管的射线照射到纸上而产生的。经过重复实验，他意识到产生辉光的射线能够穿透某些物体（如纸张、木头、人体肌肉）。伦琴经过反复实验，确信这是种尚未为人所知的新射线，便取名为 X 射线。这真是一个窥测人体内部的实用技术！在此之前，若想探测人体内部，必须做手术切开。现在用伦琴发现的 X 射线照射，人体内居然变得可见了！这在医学上极具应用价值，因此是个惊人的成就。

伦琴在 1895 年 12 月给维尔茨堡物理与医学学会的报告中（译文于 1896 年刊登在《自然》杂志上）发表了关于 X 射线的结果（为了纪念伦琴，一些国家至今仍沿用伦琴射线的叫法）。他花了好几个月进行研究，发现铅能够屏蔽这种射线。1901 年，伦琴被授予物理学史上的第一个诺贝尔奖。当时整个世界的科学家都在着手研究这一新现象，许多人关心的问题是：辐射是自然发生的吗？有没有其他天然化合物能发出类似的辐射？

法国数学家亨利·庞加莱（1854—1912）得知伦琴的发现后，读了他关于 X 射线实验的科学论文，于 1896 年在法国科学院的一次会议上就此做了介绍。法国科学家们被伦琴的发现所震惊，其中包括物理学家安东尼·亨利·贝可勒尔（1852—1908），贝可勒尔一直致力于研究诸如萤火虫或一些藻类内部的发光现象。贝可勒尔开始在他的实验室里研究铀盐。庞加莱向贝可勒尔建议，如果X射线可能导致荧光，也许贝可勒尔实验室的发光盐也会发出某种射线。

贝可勒尔接受了庞加莱的建议，花了几个星期去做铀盐实验，但没有在化合物中看到发光现象。贝可勒尔想要拍些照片，但由于天气恶劣，出于偶然，他把照相底片放在了一个装有铀盐的抽屉里。几天后，他在冲洗用这些底片拍摄的照片时，发现了很奇怪的现象：底片上出现了斑点。经过反复思考，他总结出，这些斑点一定是铀盐造成的。这也许就是铀盐产生一种类似于X射线辐射的证据（即使在今天，胶片也常用于检测辐射）。在经过实验论证后，贝可勒尔向美国科学院的同事们

贝可勒尔在他的实验室

（图片源自网络“维基百科”）

展示了他的结果。贝可勒尔与居住在巴黎、工作在他实验室的居里夫妇由于共同发现了放射性，于 1903 年分享了诺贝尔奖。

这就确定了一个事实：地球上存在一种奇特元素“铀”，它具有放射性。人们虽然能测到铀的辐射，但其原因还不得而知。这中间的奥秘还有待科学家来揭示。

2 探秘原子核之路

玛丽·居里（1867—1934）出生于波兰华沙，父母都是教师。出于对科学和数学的兴趣，玛丽自小就有远大抱负，学习成绩优异。当时的波兰不允许女性上大学，玛丽用当家庭教师的微薄收入帮她的姐姐移居到法国并进入巴黎-索邦大学学习。由于妹妹的帮助，姐姐完成了学业并结了婚，反过来帮助妹妹移居到巴黎。24 岁的玛丽得以在索邦继续学习，后来嫁给了一位叫皮埃尔·居里的同学，与他一起在一所名声显赫的法国物理实验室工作。1896 年，当居里夫妇得知贝可勒尔的结果后，决定研究这种放射性新现象。贝可勒尔当时已是一位著名科学家，极受巴黎科学界的物理学家们的崇敬。当时玛丽处于生育第一个女儿伊蕾娜后的恢复阶段，同时也在寻找博士论文课题。皮埃尔建议她以精确测定贝可勒尔的铀盐辐射出来的神秘射线作为论文课题，这在当时还是未知的。玛丽设法获得了贝可勒尔用过的那种铀盐，随即开始了工作。玛丽的第一批结果就验证了贝可勒尔的发现，即产生的射线强度正比于铀在化合物中的浓度。

受到初步结果的鼓舞，玛丽决定不再继续研究铀盐，而去研究原始铀矿石，希望从未经处理的化合物中得到新结果。于是她转去研究马丁·克拉普罗特的那种约阿希姆斯塔勒尔的沥青铀矿。仅仅用了少量的沥青铀矿，玛丽就吃惊地发现来自原矿石的辐射比她预计的铀辐射要强得多。这让她非常迷惑：一定有些奇怪的东西导致了原矿石和纯铀盐之间在辐射测量上的区别。她试图弄明白这里面的原因，但经过大量反复实验后没有任何收获。这使她感到十分沮丧。

正当居里夫人打算放弃辐射研究时，她突然想到了一个令她震惊的可能性：多出的放射性可能来自沥青铀矿内一种微量的、完全未知的元素，其放射性比铀还要强。然而，她必须证实这个大胆推断。

玛丽得到了丈夫的帮助，为她寻找辐射增强的原因提供实验证据。经过几周的共同努力，他们终于从原矿石中提取出很少量的一种新放射性元素。居里夫妇把它命名为钋，以纪念玛丽的祖国波兰。在化学家古斯塔夫·贝芒的协助下，居里夫妇继续他们艰苦的工作，同年又在原矿石内发现了一种比钋更具放射性的新元素，他们把它命名为镭。新元素镭是极其罕见的，即使想获取哪怕是能够测到的那点微量，也需要成吨的沥青铀矿。于是居里夫妇写信给维也纳科学院，请求得到那些在约阿希姆斯塔勒尔提取过铀以后剩下来的矿渣。

几个星期以后，一辆大马车抵达巴黎大学化学与物理学院，卸下来的帆布包里装满了整整一吨的褐色矿渣，里边混有石头和树枝。这可能是有史以来第一次用这种方式搬运放射性废料。多年后人们不禁要问，法国如何清理这些残余放射物？而事实上，辐射造成的伤害已经很明显。

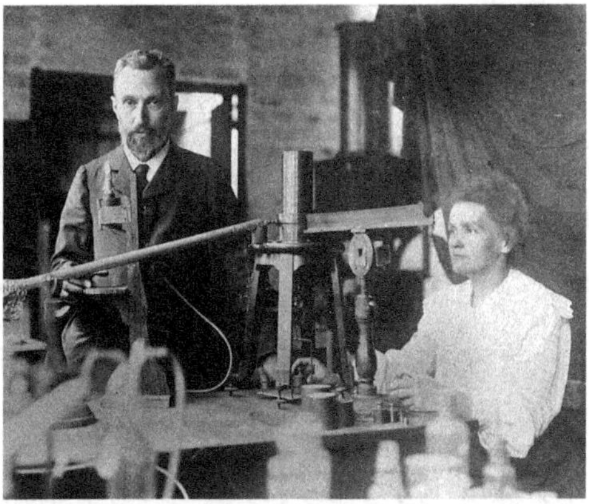
居里夫妇在实验室（图片源自网络“维基百科”）

玛丽的手指不断地被灼伤且不能彻底愈合。由于当时人们对辐射还不完全了解，没有前人来警告居里夫妇辐射有危险。玛丽经常赤手工作，从不采取任何防范措施。最终她死于白血病。

他们把沥青铀矿石存放在实验室的地下室里。经过大量的工作并使用完善的提纯技术，居里夫妇成功地从原矿石里提取出来微量的镭，大约有 0.1 克。这是一项重大成就，但是居里夫妇现在需要弄懂的是，在这一整吨矿石中，其主要元素铀与微量新元素镭之间的关系。居里夫妇为能发现放射性的来源及揭示其特性等这些科学奥秘而感到异常兴奋，并于 1898 年 4 月发表了他们的研究成果。从此他们被国际上视为放射性领域的先驱者。由于放射性的发现，居里夫妇与贝可勒尔共获 1903 年诺贝尔物理学奖。

就在居里夫妇于巴黎发现镭的同一年，英国物理学家汤姆孙（1856—1940）在原子中发现了携带负电荷的粒子——电子。他观测到，在阴极射线管（一种内部接近真空的玻璃管）里产生的射线束会在磁场中发生偏转，表明组成射线的粒子带有负电荷。于是他可以证明原子中含有带正电的质子和带负电的电子，因此原子不再是组成物质的最小单元。为了进一步弄清原子的结构，世界各地的研究组争相开展各种实验。30 年后，人们又发现了原子里的中性部分（中子）。由于发现电子，汤姆孙获 1906 年诺贝尔物理学奖。那时世界各地的科学家们在进行着一场竞赛，大家都试图揭示组成物质的秘密。“物质是由什么构成的”是他们共同的话题。

汤姆孙有一个优秀学生叫欧内斯特·卢瑟福（1871—1937），一位出生在新西兰的物理学家。卢瑟福移居加拿大以后，继续研究原子结构。在蒙特利尔的麦吉尔大学，他的合作小组试图找到居里夫妇从沥青铀矿中发现的钋和镭与铀的关

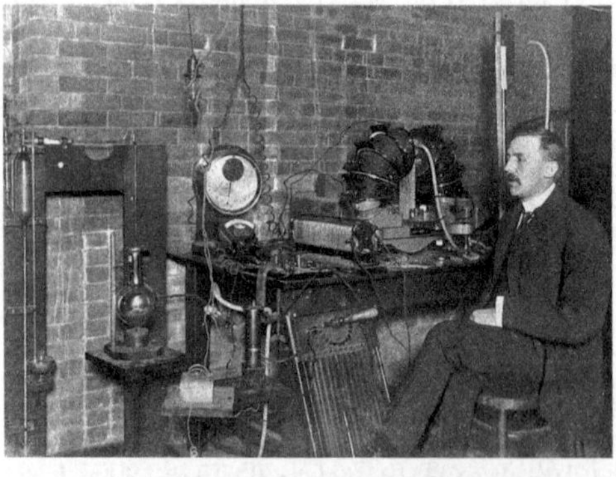

1905 年，卢瑟福在他的麦吉尔大学实验室

（图片源自网络“维基百科”）

系。卢瑟福在麦吉尔证实了由放射性衰变产生的 α 射线是由带正电的氦离子（氦原子核）组成的。卢瑟福是这样得到这个结论的：他把产生 α 射线的放射性元素放在一个真空管附近，过一会儿进行分析，他发现真空管中含有氦。能发生这种情况的唯一可能是，进入真空管的带正电的氦离子“俘获”了玻璃表面的电子而变成氦原子。鉴于他揭示了 α 辐射本质这一重要工作，卢瑟福被授予 1908 年度的诺贝尔化学奖。

随后卢瑟福接受了英国曼切斯特大学的教职，他在那里的物理实验室可以与汤姆孙在剑桥大学的实验室相媲美。卢瑟福以极大的热情继续他的工作，做各种实验去进一步探索原子的性质。在那个时候，原子仍被认为是由带正电和带负电的粒子嵌在一起的一个均匀物质球。卢瑟福想看看，如果用他发现的 α 粒子去轰击原子会发生什么现象，特别是 α 粒子是否会被反弹？这个想法类似于在黑暗中打台球，打出母球，看它是否击中了什么东西。如果不是侧击而是正面击中一个球，母球则会反弹回来。利用放射性物质产生的 α 粒子源去打金属箔，如果测到一些反弹回来的粒子，那么它们必定在金属内部碰到了什么东西而被散射。

卢瑟福的实验发现，平均每 1 000 个射向金属箔的 α 粒子中约有一个沿着它原先的运动方向反弹回来。这一结果暗示原子内部并不是处处均匀的。相反地，正如卢瑟福所描述的那样，每个原子内部都有一个被几乎是空无一物的空间所围绕的密集中心。卢瑟福称这个中心为原子核，也就是在碰撞原子时反弹了 α 粒子的那部分。卢瑟福推断原子核能够反弹带正电的 α 粒子是因为原子核同样也携带正电（那时人们已经知道同性电荷相斥的道理）。卢瑟福这一发现的重要性在于揭示了原子有内部结构，其内部含有带正电的粒子组成的原子核，从而使同样带正电的 α 粒子遭遇反弹。

1919 年，卢瑟福做了另外一个巧妙的实验。他发现在某些情况下，一旦有一个 α 粒子撞击原子核，就有氢被排放到实验装置附近的真空管里。卢瑟福意识到这是个小的带正电的粒子，而每一个这种粒子可以捕获一个电子。卢瑟福将这种带正电的基本粒子命名为质子（源自希腊语的“第一”）。

至此，质子和电子被认为是原子内的带电基本粒子，它们携带的电荷符号相反：根据约定，电子的电荷为负，质子的电荷为正。

科学家们经常以已知的东西为基础来想象自然界中的未知。因此，原子的第一个结构模型很像 17 世纪开普勒发现的行星绕太阳的轨道运动图像，即电子围绕着原子核运动。坚持不懈的卢瑟福注意到原子的实际质量往往是它们所含质子质量的 2 倍。质量可以从粒子束受的重力效应导出。质子比电子重很多，一个质子的质量相当于 1 836 个电子。1920 年，卢瑟福假设大多数元素的核中还含有另一种类型的粒子，它是电中性的。他创造了“中子”这个词，认为在原子的中心由中子和带正电的质子共同组成了原子核。

1932 年，詹姆斯・查德威克发现了中子，证实了卢瑟福的预测。由于汤姆孙、卢瑟福和查德威克的发现，科学家们知道了原子有个致密的质量中心，称为原子核，电子环绕着原子核做轨道运动，运动轨道遍及整个原子，远远大于那个致密的原子核本身。

但这种结构导致了一个难题：为什么没有电子滑落进入原子核并与它相结合？显然异性电荷应当相互吸引，如此的话，原子是靠什么阻止电子进入核中呢？给出这个问题答案的是伟大的丹麦物理学家、量子理论的先驱尼尔斯・玻尔（1885—1962），一个利用量子理论原理创建了原子模型的人。

年轻时期的玻尔

（图片源自网络“维基百科”）

尼尔斯・玻尔对大量物理问题以及量子力学基本概念的研究作出过巨大贡献。1885 年，玻尔生于哥本哈根。他的父亲克里斯蒂安・玻尔是一位知名的生理学教授，他的母亲艾伦・（阿德勒）玻尔是金融家，是哥本哈根商业银行创始人 D.B. 阿德勒的女儿。这对夫妇很喜欢与知识分子群体交往，经常邀请一些思想家和科学家到他们家来。他们的两个男孩，尼尔斯和哈拉（后来成为著名的数学家）小时候经常从大人的谈话里汲取一些思想。后来尼尔斯选择学物理，并且成为物理领域的领袖人物，带领整个物理学群体发展壮大，取得了各种重要的研究成果。尼尔斯·玻尔因此被选中来领导由哥本哈根卡尔斯伯格基金会资助的哥本哈根大学理论物理研究所。

玻尔于 1913 年创建了原子模型。他的模型借用了马克斯·普朗克早在 1900 年研究原子在吸收和发射黑体辐射（即发光体发出的能量）时定义的一种特殊的、分立的单位，称为量子。玻尔类比地假设原子中绕原子核转动的电子只能处在一些确定的“量子化能级”轨道上。

因此，绕原子核运动的电子只能在确定半径的轨道（或给定的能级）上，或者只可以下滑进入另一个能级较低的确定轨道，而不允许处在两者之间的其他任何地方。这样，如同普朗克废弃黑体辐射中的连续能级一样，玻尔彻底丢掉了电子能级连续性的思想，而这两种情况都只允许特定的（量子化的）能级存在。

阻止电子滑入原子核的正是这种量子化的轨道。当电子从一个量子化能级跳到另一个能级时，原子以发射一个光子的形式放出能量，放出的能量就是两个允许轨道能级之间的差。玻尔就是用这种量子观点解释了光的分立能级这一观测现象，从而大大加深了人们对原子结构的了解。然而在 20 世纪的前几十年，许多问题仍然摆在人们面前，科学家们急于理解原子、放射性、能量和质量的奥秘。同时，人们想知道物质来自哪里，又终结于何方。

欧内斯特·卢瑟福是第一个解释放射性来自原子核衰变的人。1902 年到 1903 年，卢瑟福和弗雷德里克·索迪分析了各种放射性元素的衰变产物，确定了放射性是由物质中原子的分裂造成的，这种分裂产生新的元素（如果索迪当时继续这个工作的话，他后来也可能因发现和解释同位素获得荣誉）。卢瑟福在 1904 年和研究组的另一位成员（贝特拉姆·波尔特伍德）通过估计其中的变化率，研究了放射性元素的变化过程。复杂的铀辐射分析表明，铀的放射性相对较弱，衰变很慢，衰变率是每 1 吨铀每年衰变 1 毫克。

铀通过一系列的放射性元素之后转化为稳定的铅，其中每一步都有其特征衰变率。铀-238 衰变成钍-234，钍-234 又通过辐射形成镭，镭分裂成为气体氡，氡再变成钋。钋是在生成铅之前的最后一个放射性元素。由于铅没有放射性，放射性衰变过程就此停止。

每 3 吨从原矿石提炼出来的铀中，钋和镭分别只占 1/4 毫克和 1 克。卢瑟福的发现为居里夫妇的实验室结果提供了进一步的支持：它解释了从铀经过钍、镭、氡、钋，一直到铅的变化过程。而铀原子核内部究竟发生了什么，这个谜团仍有待解开。回答这个问题的关键在巴黎。

与此同时，在巴黎，居里夫妇以极大的热情继续着他们的实验。1904 年，他们又从来自约阿希姆斯塔勒尔的 8 吨铀矿渣中分离出来 1 克镭。大约在那个时候，人们发现了镭的医学应用。皮埃尔 · 居里与法国医生在一项研究中合作，用辐射治疗癌症。“居里疗法”可以把镭植入肿瘤，使肿瘤缩小。

居里夫妇赫然变成了法国明星。玛丽是法国第一位获得科学博士学位的女性，也是第一个获得诺贝尔奖的女性。不幸的是，居里夫妇关于放射性的开创性工作却在 1906 年因皮埃尔在一次车祸中丧生而中断。这之后，玛丽受聘于索邦以继承她丈夫的教职，成为这所大学的第一位女教师。她关于放射性的论文发表于 1910 年。1911 年，玛丽被授予第二个诺贝尔奖，这次是化学奖，以表彰她发现钋和镭以及提纯镭的工作。

那时科学界对辐射及其效应的研究达到了狂热的程度，从来没有那么多不同国家的科学家都研究放射性和原子结构。科学家们的实验比以往任何时期都更为复杂，彼此进行着跨越国界的交织。铀及其奇异性质吸引着许多杰出人才前来揭秘。

科学家们常常会遇到违背经典物理学定律的东西。自从知道了原子，人们一直以为自然界的原子是不变的，也是不可改变的。但是放射性却暗示这可能是错的。铀通过辐射，先变到镭，然后到钋，最后到铅，表明物质是可变的。人们感觉中世纪的炼金术士再世了。现代炼金术把铀变成了铅，而不是把元素变成金子。然而，铀的实际辐射过程和元素转化过程中仍存在一些科学之谜。铀究竟为什么，又是如何分裂成其他元素的呢？是什么导致一个原子变成其他原子？世界科学界希望召开一次大会以寻求答案。

欧内斯特·索尔维（1838—1922），这个曾在化工行业积累了大笔财富的比利时实业家，对科学抱有极大的热情。1911 年，他在布鲁塞尔的京华酒店（布鲁塞尔现存的唯一于 19 世纪诞生的酒店）赞助组织了一次国际会议。此次索尔维会议接待了 21 位世界顶尖科学家前来讨论辐射和原子结构。出席者包括亨利·庞加莱、欧内斯特·卢瑟福、玛丽·居里、保罗·郎之万、马克斯·普朗克以及最年轻的一位，当时年仅 32 岁的阿尔伯特·爱因斯坦。这次会议促

欧内斯特·索尔维

（图片源自网络“维基百科”）

进了重要的协作，发展了在1925年间由奥地利物理学家埃尔温·薛定谔、德国数学和物理学家维尔纳·海森堡、英国物理学家保罗·狄拉克以及出生于奥地利的物理学家沃尔夫冈·泡利等人所创始的、在当时还处于萌芽阶段的量子理论。

现在人们知道的原子模型基于量子理论。量子力学假定粒子的位置和速度无法同时确定。人们所能知道的一切只是这些量的概率，有时也不可能去归纳其中的因果关系。这些都与人们的日常逻辑概念很不一样。

20 世纪 20 年代以及后来发展起来的原子的量子力学图像与传统的玻尔小型太阳系模型不同。与行星不同的地方是电子在任何给定时间都没有确切的轨道位置。它们遵循量子规则，仅呈现一个概率分布。由维尔纳·海森堡在1927年提出的不确定原理限制了一次性精确获知所有的物理量（如位置和动量、位置和速度、时间和能量）。量子力学的规则是：一个粒子可以在这里和那里同时出现，又不一定在这里或者在那里出现。现实的量子图像是模糊的，其本质是由不确定原理和概率所决定的。

索尔维会议的科学家们认为，爱因斯坦方程 $E = mc^2$ 是揭开放射性、辐射和原子分裂之谜的关键工具。根据爱因斯坦的这个著名公式，原子由于具有质量而含有大量能量。原子

1911 年首届索尔维会议（图片源自网络“维基百科”）

的分裂解体是质能等价的一种表现，例如铀的质量通过辐射变成释放出来的能量。可是这个过程到底是什么？如果可以弄懂这个过程的话，则辐射和原子分裂过程可以用来产生巨大的能量。谁也没有想到的是，1911 年的索尔维会议产生的这个关于原子的重要推论，最终导致了原子弹诞生以及促成了和平时期核能利用。基于爱因斯坦的理论，铀为人类对能源的理解提供了线索。

每 1 000 个存在于自然界的铀原子中，有 993 个是铀-238，只有 7 个是那种稀有的铀-235。铀的这两种同位素[①]的化学

① 同位素是指具有相同原子序数但不同相对原子质量的元素——译者注。

作用一样，但它们的核的性质不同。两者都有 92 个质子和 92 个电子，因此它们的化学反应相同。但是铀-238 的原子核有 146 个中子，而铀-235 的核中有 143 个中子。因此铀-235 的原子质量比铀-238 少 3 个质量单位（即 3 个中子的质量略微超过 3 个质子的质量，但这种极其微小的差别可以忽略）。

这两种铀同位素的稳定性也非常不同。铀-235 远不如铀-238 稳定。如果有相等数量的铀-235 和铀-238，在任何给定的时间内，铀-235 因放射性衰变而导致分解的原子数量是铀-238 的 6 倍多。这种性质反映在这两种同位素的半衰期上。

"半衰期"这个术语是欧内斯特·卢瑟福在 1904 年发明的。如前所述，放射性衰变率是以百分比计算的：在给定单位时间内，任何放射性原子核通过一个恒定的比例进行辐射衰变。因此，进行放射性衰变的元素数量按指数减少。要弄懂这个道理，你可以设想在一个银行账户中存有 100 元，并假设银行每月收取 1%的管理费。第一个月后，你还有 99 元。两个月后，银行会扣你第一个月剩下来的钱的 1/100，即 99×0.01 = 0.99 元，这时你剩下 98.01 元。再过一个月你还有 97.03 元，以此类推。也就是说，你最初的 100 元将以每月 1%的速度呈指数减少。

放射性衰变遵循同样的规律。卢瑟福的问题是：经过多长时间正好有原始物质的一半衰变掉了？如果还是用银行存钱作比喻，问多少个月后你会剩下 50 元（只可能是尽量接近整月，因为每月一次扣钱是个不连续过程）？这个例子的答案是 69 个月，或是 5 年零 9 个月。因此你账户的半衰期是 69 个月。

半衰期可以用来比较放射性元素的衰变率。衰变率一般和辐射强度相关，是原子核不稳定性的度量。半衰期短的比半衰期长的元素更加不稳定，它们辐射的强度更大（因为它们的核的衰变速度更快——即一定数量的原子在单位时间内发生更多的辐射）。

铀-238 的半衰期约为 45 亿年，因此铀的这种同位素衰变非常缓慢。相比之下，铀-235 的半衰期只有 7 亿年。钍-232 的衰变比铀-238 还慢，其半衰期是 140 亿年。自地球形成后的整个 45 亿年的时间跨度内，大约 6 个钍-232 原子中只有 1 个消失了。

但是还有许多元素的半衰期甚至比铀-235 还短，它们在几百年的时间内完成衰变，而不是数百万年。还有的半衰期只有一年，或几个月、几天，有的甚至只有几秒钟。由居里夫妇发现的镭同位素、镭-226 的半衰期是 1 620 年。正因为与地球的年龄相比这个变化太快了，科学家们认为除非镭还在不断产生，否则现在是不会看得到的。而这种补给正是通过铀的衰变。

钋的半衰期更短。钋有不同的同位素，其中寿命最长的钋-209的半衰期是100年。由法国物理学家玛格丽特·佩里发现的、并以她的祖国命名的元素钫的寿命甚至更短。最长寿的同位素钫-223的半衰期仅有21分钟。

在1911年的索尔维会议上，由于在辐射研究方面取得的成就，玛丽·居里引起了广泛关注。可是当她在布鲁塞尔的那段时间，巴黎却流传起一件丑闻。一家法国报纸刊登了据说是玛丽·居里与她的科研同事保罗·郎之万（1872—1946）之间的往来情书。这种风流韵事随即引起了公愤。法国媒体指责她是外来的犹太（其实她不是）荡妇。十几年前德雷福斯事件[①]的反犹太情绪在继续发酵。蓄意的抹黑破坏了她1911年初法国科学院院士的提名，甚至差点影响了她获第二次诺贝尔奖的提名。

1911年11月4日，正当居里和郎之万返回巴黎时，法国报纸《巴黎日报》这样写道："神秘的镭之光燃起了一位悉心研究它的科学家的心中欲火；而这位科学家的妻子和孩子们却在流泪。"于是，居里和郎之万两人有一段时间都未公开露面，直到丑闻平息。

这次事件影响了居里实验室的科研工作。同时，第一次世界大战也导致许多科学家的研究中断，因为他们需要投身

① 德雷福斯事件是19世纪末发生在法国的一起政治事件，一名法国犹太裔军官阿尔弗雷德·德雷福斯被误判为叛国，法国社会因此爆发严重的冲突和争议。此后经过重审以及政治环境的变化，事件终于1906年7月12日获得平反，德雷福斯也成为国家英雄——译者注。

到战争中去。居里夫人本人参加了装备流动医院的工作，她帮助安装了 200 多个 X 射线设备。她还用她第二次诺贝尔奖的奖金资助其他科学工作者，捐钱给战后的巴黎大学镭研究所。她的女儿伊蕾娜于 1918 年加入她的实验室做研究，最终伊蕾娜本人也对放射性研究作出了巨大贡献。1922 年以后，居里夫人致力于放射物质的化学性质研究以及辐射的医学应用。

玛丽 · 居里和她女儿的研究所需要的镭一般是从铀分解而来的，但是镭在沥青铀矿中含量极低，提取所需的化学步骤复杂，因此成了世界上最珍贵的东西。它的价格高达每克 750 000 金法郎（今天价值约为 1 000 万美元）。

商家立即抓住了铀矿的市场潜力。生产波希米亚矿石的两家法国工厂曾短暂垄断这一市场。奥匈政府则禁止出口铀矿石，在约阿希姆斯塔勒尔生产彩色铀化合物的工厂旁边建了一座镭工厂。奥地利人也想制造垄断，但因为英国、法国和葡萄牙等国矿藏的存在，他们没有成功。美国于 1913 年进入了全球铀市场。为了寻求镭的医学应用和研究，美国商人在资源丰富的科罗拉多州开采了新矿。从铀矿石提取镭的过程则由设在宾夕法尼亚州的匹兹堡标准化学公司完成。在直到 1926 年的 13 年中，它将共计 200 克的镭和 600 吨的铀投放到了市场，其中大约一半的镭用于医学，其他则用于腕表表盘的夜光涂料。

美国对镭和铀的市场保持了近 10 年的垄断地位。后来比利时人在非洲的发现改变了这个局面。1915 年，一名探矿者在比利时刚果的欣科洛布韦发现一处沥青铀矿床，其铀量储藏高于其他任何地方。关于这个发现比利时南太平洋联盟杜奥加丹加省保守了资源秘密，他们在该地区开采了丰富的铜矿和钴矿。第一次世界大战之后，安特卫普附近的奥伦建了个工厂，直到 7 年后随着工厂生产出了第一克镭才宣告解密。南太平洋联盟从而近乎垄断式地控制了价格，而刚果至今仍然是主要的铀矿石生产国。

尽管有新的矿源不断出现，可是居里夫人和她的女儿以及她们的欧洲同事们想得到一点点却非常困难。由于得不到法国政府在资金上的帮助，居里夫人不得不花费大量时间为她的研究单位募钱。不过，居里夫人和她的同事们已经在研究放射性现象方面作出了许多贡献，发现了新的放射性元素及其在医学上的应用。镭的放射性可用于通过破坏恶性组织细胞来治疗癌症。现在需要有人继续对放射性进行探秘工作。在加深人类对放射性认识的进程中，一名年轻的奥地利女子扮演了关键角色。

3 莉泽·迈特纳

就在伦琴发现X射线的3年前即1892年，一位14岁的天才少女从维也纳的一家女子学校毕业了。她的梦想是进入男人的物理世界成为一名理论科学家。莉泽·迈特纳（1878—1968）生在一个普通犹太家庭，长在犹太人居住区。她喜爱音乐，在数学和科学领域也很有天赋。然而在20世纪之初的奥地利，一个14岁女孩离开学校后的出路就是结婚和照顾家庭。

但莉泽·迈特纳渴望走不同的路。然而尽管她酷爱物理，她的父母却不同意让她走这条路，因为当时的奥匈帝国是不许女孩子学习物理甚至任何科学学科。在极度失望之后，她最终服从了她的律师父亲的意愿，去了一家3年可以拿到法语教师执照的学校，开始了后来被她称为“迷失的9年”的一段经历。

莉泽·迈特纳个子瘦小，生就一双似乎能洞穿一切的黑眼睛。尽管她的面相显得小，但她比同龄人要成熟得多。在课余时间她总在读化学、物理、数学方面的书，对科学的执迷使她成了同学中的另类。

面对着1895年伦琴震撼科学界的X射线的发现以及紧接着1896年贝可勒尔关于铀辐射的发现，18岁的莉泽·迈特纳决意为自己规划人生——研究放射性。决心一下，无论是父母还是当时不许女孩进大学的那个社会都无法阻止她。所幸的是，正当她步入21岁的时候，奥地利的法律开始有所松动，女孩子可以进大学读书了。为了补偿那段失去的岁月，父亲给她雇了私人教师。经过两年的集中学习，年轻的迈特纳很快掌握了一般就读高中的男孩子们所学的所有课程。1901年，在离她23岁生日还差几个月的时候，这位雄心勃勃的年轻姑娘以比同班男生大5岁的年龄如愿以偿地进入维也纳大学，从此开始了她灿烂辉煌的物理生涯。

或许因为年龄偏大，又或许她深知一个女人想要在科学界与男人竞争所需要付出的努力，迈特纳以一种无比倔强的精神拼搏着。她把所有精力都花在学习上，每周花在课堂和实验室的时间都超过25小时。

迈特纳选修了物理、化学、植物学、数学课程，经常学习到精疲力竭。所幸微积分课程排在一大早她头脑特别清醒的时候，使她能够集中精力听课。她的微积分教授知道班上有这么一个优秀学生，为了鼓励迈特纳能学到超出课堂上所讲授的内容，教授不断地给迈特纳布置额外的作业。

可能是为了考验她的能力，有一天，教授让迈特纳阅读一位意大利数学家的一篇文章并找出其中的错误。随后，教授还建议她发表那些得到的结果，但被迈特纳拒绝了。迈特纳不愿意发表一个不是完全属于她自己的成果。很明显在这之前，她的教授已经意识到这篇文章有错误，然后再引导她自己去找出来。这个成果首先应该归属于教授。其实这件事反映了迈特纳毕生信奉的一种伦理道德，也是她为自己定下的学术信条。她的一个科研成果哪怕有人在其中作了一点点贡献，她也会坚持给这个人以同样的荣誉。可惜在迈特纳的科研生涯中，她的这种为人处世信条有时并不能换取别人的同等对待。

迈特纳的物理课由伦琴的朋友弗兰茨·埃克斯纳执教，而埃克斯纳本人对辐射和放射性也非常感兴趣。20 世纪初数十年维也纳曾是放射性的研究中心，这主要归功于埃克斯纳的贡献。他曾经帮助居里夫妇获得沥青铀矿，作为回报，他能从居里夫妇那里得到一点镭元素。在基础物理课上遇到的这样一位痴心于科研的教授使得迈特纳进一步坚定了成为一名物理学家的决心。

在大学第二年，莉泽·迈特纳遇到了对她人生影响更大的著名物理学家路德维希·玻耳兹曼（1844—1906）。玻耳兹曼是统计力学、热力学、运动学理论以及原子等诸多领域的先驱者。莉泽发现玻耳兹曼教授的课是那样引人入胜，她妥善安排自己的时间，以便能去听玻耳兹曼所有的课。

1906 年的迈特纳
（图片源自网络“维基百科”）

玻耳兹曼又是一位支持妇女从事科学研究的人，清楚地知道当时歧视妇女的错误。就在几年前玻耳兹曼支持了一位年轻妇女亨丽埃特·冯·艾根特拉，抗拒不许她旁听大学课程的歧视，帮她上诉，并最终与她结婚。玻耳兹曼对迈特纳的到来非常欢迎，但同时他也知道迈特纳的学前知识比较薄弱。后来，迈特纳也认识了玻耳兹曼夫人，她们常在一起交流怎样来抗拒不许妇女学物理的经验。

玻耳兹曼的统计力学是理论物理的一个分支，它基于配分统计方法来解释那些大量看不见的原子的集体行为。玻耳兹曼在 1870 年发表的一篇论文阐述了如何用数学的概率论结合力学定律来解释热力学第二定律的能量转换。他还推导了原子碰撞中导致能量分布变化的方程。他得到的结论从广义上来说就是状态变化或者状态涨落这些现象，都可以用概率以及原子的集体性质来解释。

然而，批评玻耳兹曼的人拒绝相信所有那些他们看不见的东西。玻耳兹曼的整个一生都在与反对者抗争。由于当时处于世纪之交的物理界总是排斥他这些开创性的理论，使他一度情绪非常低落。但是他的学生们始终崇拜他。玻耳兹曼是那样一位有魅力的导师，常使他的听众质疑那些常规思考，并在奇妙的物理世界里打开自己的思维。

放射性的发现以及比原子小得多的粒子的存在事实是对原子理论的一大鼓舞。20 世纪初期的发现都是支持玻耳兹曼的理论的。玻耳兹曼在物理学方面的开创性工作以及他的哲学思想深深地感染了莉泽·迈特纳，强烈地影响着她的物理思维。

在维也纳大学完成学业后，莉泽·迈特纳于 1905 年开始撰写自己的博士论文。当时玻耳兹曼在加利福尼亚，于是迈特纳选择了跟随她的第一个物理学教授弗兰茨·埃克斯纳工作。为了拓宽知识，她想要做一个实验课题以便体验实验室工作，因为她先前的研究都局限在理论方面。

迈特纳在她的博士工作研究中发现，麦克斯韦的电磁学定律也可以适用于热传导。她在题为《非均匀固体中的热传导》的博士论文里报道了她根据这些实验推导的理论结果。其中汞液滴悬浮在脂肪分子组成的介质里，可以通过一系列的温度计测量热传导。这种研究课题使迈特纳在使用非常复杂的实验设计方面得到了训练，为她未来关于放射性的工作打下了基础。1905 年 12 月，莉泽·迈特纳通过了论文答辩，在 1906 年成为第二位在维也纳大学获得博士学位的女性。

此时莉泽·迈特纳面临着当时任何一个学习科学的女人都经历过的困境：在本专业找工作的困难。她知道玛丽·居里在巴黎工作，于是向居里实验室发了一封求职信。遗憾的是居里实验室没有工作岗位，其他机会也全都没有出现。为了不离开物理，莉泽·迈特纳降低要求，去了一所女校担任教师。到了晚上，她还能够继续回到大学物理实验室工作。

1906 年，迈特纳把研究方向转到放射性方面。受居里夫妇的影响，加之她曾修读过放射性课程，迈特纳对放射性有很大兴趣。她开始在玻耳兹曼物理学院进行辐射实验。她的第一个实验是使用不同种类的金属薄膜来测定 α 和 β 粒子的吸收水平。

就在那一年的秋天，一场大悲剧震惊了维也纳大学物理学研究所和整个校园：62 岁的玻耳兹曼上吊自杀。整个物理学界都试图应对这场悲剧。一些人认为，玻耳兹曼的自杀是因为保守的老一代物理学家一直疯狂抵制他的思想，从而使他的心理健康遭受极大伤害。还有人认为他的自杀源于病重。对于莉泽·迈特纳来说，玻耳兹曼的死是个特别重大的损失，因为她已经把玻耳兹曼看成自己尊敬的师长、自己的坚定支持者以及一个在歧视妇女的社会里能够理解她的人。玻耳兹曼的逝世让迈特纳更加坚定了为实现她的信念而奋斗的决心。

玻耳兹曼所在的维也纳大学物理学研究所有一段时间由一个叫斯特凡·迈耶的年轻物理学家领导。迈耶本人对放射性也很感兴趣，曾经和迈特纳一起进行过一些实验。迈耶曾经对居里夫妇以及法国化学家德比埃尔内发现的放射性元素，如钋、镭和锕的属性做过研究。迈耶实际上已经发现了β射线是一些带负电的粒子，但这个发现归属于法国科学家亨利·贝可勒尔和德国物理学家弗里德里希·吉塞尔。贝可勒尔后来证明了这些粒子就是电子。

维也纳中央墓地的玻耳兹曼墓碑

（译者摄于 2017 年 10 月）

莉泽·迈特纳与迈耶继续着他们对放射性的研究。随着已知放射性元素数量的增多，科学界对这种神秘的辐射产生了极大的兴趣。什么是辐射？是什么使得元素产生放射性？放射性的本质是什么，它又是如何影响其他元素的？这些都是非常重要的问题，是解开宇宙中物质成分秘密的钥匙。那个时候为了研究辐射，人们所需要的是测量放射水平的设备。

汉斯·盖革用来测量放射性的计数器（即盖革计数器）

是好几年以后的设备。当时维也纳和其他地方的物理学家用于检测和测量辐射的是一种比较原始的设备，它用很薄的金箔以一定的角度附在一根金属棒上，放在一个充有气体的密封玻璃管里。金属棒延伸到管外，可以感受外部电荷。因为同性电荷互相排斥，外部电荷使得金箔相对于玻璃管里的金属棒产生弯曲。而当一个放射源靠近这个装置时，辐射（带正电的 α 粒子或带负电的 β 粒子）将使管内的气体电离。这将影响金箔的弯曲，根据电离的气体是带正电或负电，弯曲程度将比正常情况下更大或更小。装置上附有的刻度可以度量金箔弯曲时的角度变化，从而可以粗略估算出辐射强度。

1906 年的秋天，莉泽·迈特纳用这种装置做她早些时候开始的一项研究，测量各种金属片对 α 粒子的吸收。许多物理学家对这一问题感兴趣，他们想知道是否 α 粒子都只是被受轰击的金属所吸收，还是其中有一部分 α 粒子被反弹。如前面所述，欧内斯特·卢瑟福和玛丽·居里曾报道了一些 α 粒子散射的证据，但这些结果还有争议。有些科学家认为没有 α 射线返回来过，意味着没有散射，只有吸收。

这个问题很重要，因为它可以揭示 α 粒子的结构还有金属箔靶中原子的构成。迈特纳的实验与居里和卢瑟福的相吻合。她证实确实有一些 α 粒子被散射了。事实上，她还进一步发现，散射率与她所轰击的金属原子质量成正比。这意味着，较重的金属——其中含有较大的原子核——能造成入射粒子更多的散射。1907 年 7 月，她把这个结果发表在德文顶级物理期刊《物理学杂志》上。

继这些成功的实验工作之后，迈特纳仍然感到，除了在学校教书和业余在大学做一些实验室工作以外，作为一个物理学家，她在维也纳没有未来。对于这个已经在放射性研究领域作出了贡献的雄心勃勃的年轻物理学家来说，这座城市没有职业发展前景。更使她不安的是，她仍然需要依赖父母的支持，因为自己的收入并不足以维持普通生活。1907 年夏末，她向父母要了些钱去了柏林。她知道物理科学是那里大学的主要研究领域，她希望花些时间在那里学习新方法，吸收一些新想法。迈特纳感谢父母愿意给她旅途用的零花钱，她于那年 9 月出发去了柏林。

1907 年的柏林是世界的主要科学中心之一，可是那里的学术界也是由男性主导的。莉泽·迈特纳向弗里德里希-威廉大学[①]最伟大的物理学家、量子理论的创始人马克斯·普朗克询问是否能旁听他讲课。

普朗克是个善良有礼貌的人，把她邀请到他的家里。他问她为什么已经拥有了博士学位还想要听他的课。迈特纳回答说，她想要加强自己的物理知识。于是他不再追问了。迈特纳由此以为，普朗克根本不愿意帮助她。在那个时候，大学的教授们对于妇女从事科学研究的潜力有不同看法：一些

① 德国柏林洪堡大学的前身——译者注。

人认为妇女能干得好，可是也有人坚持老观点，认为科学只是男人的专利。普朗克的看法可能有点介于两者之间。他认为非常有天赋的妇女应该留在学术界，但不是那些没有能力的人。那个时候迈特纳没有完全理解这些，由于她拥有博士学位和发表的文章，普朗克还是欣赏她的能力的。事实上，他很高兴她来听自己讲课。

那年的9月底，迈特纳遇到了奥托·哈恩（1879—1968），发现彼此对放射性研究兴趣非常相投。哈恩是一位化学家，缺乏充分理解放射性所需要的数学和物理背景。而迈特纳是学物理和数学的，但对化学懂得不多。所以他们的知识互补，这对于研究放射性元素性质这个物理学和化学的交叉课题是个绝佳合作。哈恩在柏林大学的化学系工作，他向化学系主任介绍了迈特纳，系主任提供了让她在那里工作的机会。

有了柏林大学的一个研究职位，迈特纳却不得不面对德国的性别歧视和仇外的学术氛围。这种前所未有的任命——一个顶尖大学的研究职位给了一个奥地利籍犹太女人——遭受到了极大的阻力。于是迈特纳被安排在研究所的主要实验室之外，学校给了她地下室的一处由木工房改造的房间作为她的工作室。除此之外，迈特纳也不能去楼上参加任何讲座。

在这种没有尊严、丧失体面的工作环境下，迈特纳成长起来了。她养成了一种积极的人生观，同时也赢得了新的友谊，结识了终生朋友。她以勤奋和风度吸引着她周围的同事。那几年里，她的崇拜者也包括尼尔斯·玻尔，玻尔曾积极试图招聘她去他在哥本哈根的实验室。

但迈特纳选择留在柏林。在柏林大学，迈特纳已经和奥托·哈恩联手深入一项重大研究。他们希望获得关键结果，从而弄清楚放射性的起因和原子的内部结构。他们的目标是至少要弄清楚辐射的秘密，解释和外部辐射相关的元素内部变化。

这是一对非常令人瞩目的专业伙伴：一个爱着自己国家的德国帅小伙和一个聪明又迷人的外国犹太姑娘；这同时也是物理和化学的幸运结合。为了和迈特纳一起工作，哈恩从他宽敞的办公室搬到了地下室，与她一起进行实验。

两位科学家长时间在一起工作相处。尽管彼此相互吸引，但他们却从来没有成为亲密朋友。如果他们在一起吃午餐，也只是在实验室。这对合作伙伴建立并发表了关于辐射的一个重要理论——被认为是继居里夫妇之后广泛接受的结果。他们的所有论文都签署两个人的名字。

在他们一起工作了一段时间后，1908 年 12 月，欧内斯特·卢瑟福在刚刚收获他的诺贝尔奖之后，从瑞典经过柏林返回英格兰的曼彻斯特。有人向他介绍了这两位研究铀的年轻科学家。当卢瑟福和迈特纳握手时（他肯定在发表的论文上见到过她的全名），他对她说：“哦，我还以为你是个男人！”然后他转身去和哈恩一起，留下迈特纳去陪伴卢瑟福太太在柏林购物。

4 迈特纳和哈恩的发现

1912年10月23日，普鲁士政府在柏林郊区宣告建立凯撒威廉化学学院。化学在德国是个主要研究领域，几十年来的领军人物都是德国人，而德国的实验与理论物理声誉则远不如化学。虽然第一次世界大战证明了伦琴发现的X射线的应用价值——被广泛用于发现骨折或伤员体中的子弹，可是理论物理仍被认为是一个落后的学科。

仿照牛津大学，新研究所建在绿荫之中，科学家和学者们可以一边漫步一边讨论。奥托·哈恩成了研究所的一名资深研究员，薪金丰厚。这使得他能考虑结婚，建立家庭。他娶了他在1911年遇到的一位年轻女士，伊迪丝·荣汉斯。

新研究所成立后，莉泽·迈特纳的状况也得到根本改善。她成了哈恩在实验室的重要副手，甚至实验室也以他们两人的名字命名：哈恩-迈特纳实验室。她的薪级也随之提高，不过工资仍然比哈恩的要低。由于一些额外收入，他们的财务状况比实际工资又得到了进一步改善。几年前，哈恩发现了一种强放射性元素，是一种镭的同位素，从这种同位素中发出的γ射线可以在医用上代替镭。在 1913 年到 1914 年，哈恩在他的实验室里提纯这种元素，赚了 10 万多马克。因为迈特纳和他一起合作做这个项目，他把这笔钱的大约十分之一付给了迈特纳。

哈恩-迈特纳实验室位于凯撒威廉化学研究所北翼地下层的 4 个大房间。尽管在那个时候人们对放射性的危害性还不是太了解，但这两位科学家总是把他们的实验室保持得非常干净。

20 世纪 20 年代，欧洲几乎所有实验室的物理学家们都在研究放射性。那个时候，实验上已经很容易探测到辐射。可问题的焦点是：为什么有些元素能放出能量？已经发现和命名的各种放射性元素之间有什么共同点？几十年之后的所有研究最后都归终到铀，但在那个时候，各种线索弥散在欧洲各处。

哈恩和迈特纳在 1912 年开始着手一项重大研究。1899 年，法国化学家安德烈-路易・德比埃尔内从沥青铀矿中分离出一种新的放射性元素，他把它命名为锕，希腊语的意思是光线。该元素（原子序数 89，相对原子质量为 227）的化学活性类似于钛和钍，极具放射性，作为放射源，其强度是镭的 150 倍。它同时放出 α 和 β 粒子，意味着其放射性由氦原子核和电子组成，半衰期约为 22 年。哈恩和迈特纳想要弄清楚锕来自哪里。在实验室研究一种元素时，科学家们经常问的第一个问题是该元素是自然存在的还是来自另一种元素的产物。因为它是从沥青铀矿中合成的，哈恩和迈特纳猜测锕来自铀。然而，物理原理又告诉他们它不可能直接从铀产生，一定还有一些中介。于是他们两人决心找到锕的“母亲元素”。这是一个极其复杂、很难解决的问题。

究竟是什么激励着科学家们进行如此复杂的研究？这可是一件需要许多年才能完成、没有人能保证一定会有结果、但又必须付出巨大努力的事情。哈恩和迈特纳，还有欧洲和美国实验室里从事类似研究的人，他们都是先驱者。门捷列夫在40多年前绘制元素图的时候，就知道周期表并不完整。门捷列夫推断元素应该按相对原子质量升序排列，他在周期表中预留了一些扩展空间，假设有些元素将来必须出现在已经知道的那些元素的中间。找到一种新元素对任何研究者来说都是一个巨大的荣誉。其中的挑战性和名利的

1913年哈恩和迈特纳在实验室
（图片源自网络“维基百科”）

驱使，足以激励一位科学家为它耗费终生。20 世纪初的科学家们与今天的科学家一样，都痴迷于一个相同的目标：揭开宇宙的奥秘，弄懂周围所发生的一切。

揭秘辐射是开启通往物质起源大门的钥匙。放射性元素按照定义就是不稳定元素。这些原子的核在放射性衰变时，其中的一部分得以脱离，形成辐射：α 射线（或 α 粒子，即两个质子和两个中子结合在一起的氦原子核）、β 射线（或 β 粒子，通常就是电子）和 γ 射线（即高能光子，或光粒子，在可见光谱之外，因此能量更高）。

既然放射性元素是不稳定的，这其中就有很多有趣的问题：为什么它们的核会衰变？衰变后的产物是什么？这些原子核在衰变之后会发生什么变化？可以通过放射性衰变了解原子核的哪些结构信息？所有这些问题是哈恩、迈特纳以及核化学和物理领域的研究人员所研究的对象。即使在一个世纪后的今天，人们仍然没有完全理解这些问题，也不能准确回答一些重要问题。人们只知道铀能够发生衰变是因为在某种意义上，它的核心“太大”，挤满了“太多”的中子。可是比较小的原子核也能产生放射性衰变。可见其中的原因并不是体积的大小，而是原子核组成的方式。

科学家们从实验观测中知道存在一些神秘的数字：2、8、20、28、50、82 和 126。质子和中子数恰是这些数字的元素往往要比其他元素更稳定、更不容易衰变。可是为什么会发生这种现象仍然是个谜。原子核并不是将一些小球进行简单的“经典”式包装而成，所有的微观现象必须遵循量子力学的法则，其内在的量子机制至今还没有完全被弄懂。

哈恩-迈特纳研究团队认为，揭开锕的身世这个问题是和研究神秘的铀衰变相关的。基于当时的理解，哈恩和迈特纳相信铀不可能直接衰变成锕。他们认为必须存在中间元素——尽管还不知道是什么——最终从那里生成了锕（事实上，铀在不同条件下可以衰变为不同的元素）。同时他们意识到，锕的“母亲”可能是一种极弱的放射性元素，因此需要非常灵敏的检测方法。为了尽量减少外界对实验室中辐射测量的干扰，例如前次实验留下的放射性，实验室要求严格保持一种特定的工作条件。

其中最重要的一条是实验室的背景辐射必须尽可能低，这就要求严格控制任何杂质进入实验室，要求实验室的助手们经常清洗，尽可能地保证实验室工作服和外套的清洁。为了防止污染，他们一改德国人通常的习惯，永不互相握手。公用电话和房门把手处都放有卫生纸，每次有人接触之后都要擦拭干净。这些极其苛刻的条例，原意是减少辐射干扰以提高实验精度，却给哈恩和迈特纳带来了幸运。和居里夫妇、恩里科·费米以及其他接触放射性实验的科学家们不同的是，哈恩和迈特纳尽可能地把自己遭辐射的水平控制到最低，结果他们两人都很长寿（两人去世时迈特纳 90 岁、哈恩 89 岁，这对于经常接触放射性物质的科学家来说是不寻常的)。

锕非常稀有，它只存在于沥青铀矿或其他铀矿床中。另外，它的半衰期相对较短（哈恩和迈特纳估计锕的半衰期为25 年；今天人们知道大约是 22 年)。由于半衰期极短，锕需要不断补充，否则它会永远消失。所以在沥青铀矿里，它必须有个“母核”，母核自己本身从铀衰变而来。哈恩和迈特纳的结论认为，导致从铀衰变到锕的序列与铀衰变产生镭和氡的序列不一样。从化学上检测到锕并不难，但是为什么以前研究铀的时候，从来没有意识到会产生锕——这正是哈恩和迈特纳觉得不解的地方。

对于放射性及其过程，以及如何把新发现的元素摆放在元素周期表中，当时有很多混淆的和不完整的信息。科学家们对门捷列夫周期表中所列元素不十分确定，不敢肯定这位俄国化学家在前一世纪发现的这种简单线性结构对不稳定的放射性元素仍然适用。要知道，不稳定元素衰变成为其他元素所需的时间从几秒钟到成千上万年不等。

因为有些元素衰变得极其缓慢，人们有时候并不把它们当成是放射性元素。还有一些元素衰变太快，在能够从化学上辨别之前它们已经变成了别的东西。放射性科学是门新兴学科，几乎每一天都有新发现。可是具有重大挑战意义的是把所有新的发现以及假设和猜测一起放到一个统一的理论框架下。1913 年，波兰核化学家卡西米尔·法扬斯，以及苏格兰科学家弗雷德里克·索迪，分别独立地发现了一个放射性衰变的重要性质。他们发现当一种放射性元素经历了 α 衰变之后，也就是一旦它发射了一个氦原子核，其产物是周期表中排在它前面两位的那个化学元素。例如，钍（原子序数 90）经过 α 衰变后变为镭（原子序数 88）。这两位科学家同时又独立发现，当一种放射性元素放出 β 粒子（电子）后，就成为在周期表中位于它后面的那个元素。例如，锕（原子序数 89）经过 β 衰变后将变成钍（90）。

这些新发现解释了化学性质与放出的射线之间的关系。这些规律表明，原子质量和化学活性没有关系，化学活性完全由原子序数来确定，并不是由相对原子质量决定的。于是弗雷德里克·索迪引入了一个术语——同位素（来自希腊语"平等的地方"），用来表示两个或多个在元素周期表中位置相同，但具有不同的放射性质以及不同相对原子质量的元素。换句话说，一种元素的不同同位素之间的化学性质相同，但它们具有不同的相对原子质量。

人们通过这些发现认识到，可以将元素周期表中的元素进行分组。哈恩和迈特纳假设，锕应当属于第三组。如果这是正确的，哈恩和迈特纳利用刚刚发现的 α 和 β 辐射的规律继而推测出，处于第五组的钍（原子序数 90）和铀（原子序数 92）之间应该还有 1 个未知元素。这个身份不明的元素（原子序数 91）应该就是锕的"母亲"。可这位"母亲"到底在哪里，又如何才能找到它呢？

这个神秘未知元素的放射性可能非常微弱，它只可能存在于沥青铀矿或一些铀盐里，因为锕总是出现在有铀的地方。哈恩和迈特纳的铀来自两种途径。一是来自以前的铀盐样品——硝酸铀，在他们的实验室已经用了多年；另一来源是原始的铀矿石——即来自约阿希姆斯塔勒尔的沥青铀矿。两种样品都能产生混杂在一起的铀衰变产物：即那些属于钽组的元素以及钋、钍、镭，还有铀在经历各种模式的放射性衰变后产生的其他元素。所有这些产物都必须从化学和电子谱学的角度进行观察和研究。他们实验背后的逻辑判断是，那些铀衰变产生的短寿命同位素辐射将会在几年的观察期间内消失，而锕（他们估计半衰期是 25 年）的数量将会较快地增大。这样，锕元素（也许具有弱放射性）的存在会变得十分明显，因此利用化学分析最后可以找出它。这种具有挑战性的探测工作需要认真仔细地做好几年。

1914 年夏天，哈恩和迈特纳沉浸在他们最有希望的研究中。他们在研发一种新的化学方法，使用硅氧化物去除沥青铀矿里混杂的含钽成分的干扰，从而更加容易地确定锕的那位神秘“母核”。可就在这时，一场全球性的灾难中断了他们的研究——第一次世界大战爆发了。奥托·哈恩作为一名德军预备队员应召入伍，不得不离开他们的柏林实验室。

哈恩急于走上战场，去为国而战。讲德语的国家——德国和奥地利——认为自己是正义的一方。至于迈特纳，虽然她对肆虐欧洲的这场战争没有多少反应，她似乎也站在奥地利人的立场上。不过应该指出，科学家并不是人人都接受战争的，一个显著的例子就是爱因斯坦。他反对战争的那些激烈措辞，和他对所有战争和武力的憎恨是众所周知的。

当时哈恩在比利时前线，迈特纳则自告奋勇地在东部地区的野战医院帮助照料伤员，在那里，她经常看到由于得不到医疗救护而垂死的匈牙利士兵。随着战争的进行，德国人开始了一项秘密计划，生产化学药物来虐杀前线的敌人。凯撒威廉化学研究所偷偷地将一些部门变成了生产毒气的研究实验室。迈特纳由于具有犹太背景而不被当局信任，被排挤出这项秘密计划。但从她的信件中可知，她对研究所在做什么仍然知道得很清楚。

奥托·哈恩奉命作为一个化学军事专家参加比利时前线的毒气试验。那是战争中使用氯气的第一批实例，结果惨不忍睹。战壕中暴露在氯气下的敌军士兵以最痛苦的方式死去。一个无可争辩的事实是：从事这些实验的都是德国科学家，这个团队称为先锋军团。化学家弗里茨·哈勃是组织人，除哈恩之外还有其他几位德国科学家，其中包括詹姆斯·夫兰克和古斯塔夫·赫兹。

1915 年 4 月，这个军团被调到东部地区，在那里用气体对付前线的俄国士兵。德国科学家改进了化学物质，使它更有效也更致命。他们用的不是氯气，而是氯和光气的混合物。哈恩和他的同伙看到他们的“杰作”在那些俄国士兵身上的可怕效果，士兵以最痛苦的方式逐渐死去。直到这场战争结束前，哈恩一直在这个军团里，尝试过不同的化学品，生产最有效的毒气。他在回忆录中辩解称，接触有毒化学品已经“麻木”了德国科学家的头脑，所以他们“不再有任何顾忌”。这种荒唐的借口为哈恩在第二次世界大战中的行为打了个问号，当时他围绕铀的工作对战争非常重要。人们不禁要问：他是一个自愿献身给希特勒原子项目的纳粹追随者，还是一个被纳粹利用的单纯清白的科学家？

1917 年 1 月，哈恩从前线暂时回到柏林，和迈特纳一起继续因战争而中止了很长时间的实验。4 年来的结果显示，从硝酸铀提取的含钽样品一直看不到关于锕的任何迹象，所以他们觉得从这个样品中发现锕的母核元素的概率很小。于是他们停止了这个实验，把注意力转向从沥青铀矿样品里提取出来的硅，因为硅含有沥青铀矿的所有类钽元素。深入分析了这 4 年来一直处于辐射状态的化合物目前的情况之后，他们认为可能发现了极少量的锕！

正当他们心急火燎地试图从混合物中分离出锕的时候，凯撒威廉化学研究所宣布了机构上的变化。哈恩-迈特纳实验室被分成两个独立部门：一个是物理部分，由莉泽·迈特纳领导；另一个仍然是化学实验室，由哈恩领导。随着新的任命，莉泽·迈特纳的薪金也随之增加，她的工资现在和哈恩的一样。虽然现在他们每人都负责一个单独的部门，但只要哈恩在柏林，他就继续和迈特纳一起工作。

后来哈恩返回前线制造毒气，迈特纳则继续着他们的实验。她把 21 克的沥青铀矿磨成粉状，放在硝酸中煮，从中得到更多的硅。这一过程产生了 3.5 克与类钽元素同样的剩余物，迈特纳希望其中藏着锕的“母亲”。她把其中的 1.5 克放了起来，把其余的 2 克拿来继续实验，利用了各种手段，其中之一是用氢氟酸这种强力溶剂处理。如此这般，释放 α 辐射的各种元素被慢慢地分离开来，最后只剩下一种元素，一种缓慢的 α 发射核，可能就是寻找中的“锕的母亲”。接下来需要对最后剩下的这种元素进行相当长时间的观察，以确定是否其放射性衰变真正产生了锕。

这其中仍然还有几个遗留问题。他们必须确保观测到的结果中没有锕本身衰变的产物，也就是说，需要把锕衰变生成的产物通过一些手段除去。另外，他们必须能够确定来自锕和来自其母核的 α 辐射的区别。1917 年 4 月，哈恩又一次短期休假回到实验室。他们两人都有一种特别兴奋的感觉，经历过这么多年以后，他们现在已经非常接近目标了。他们夜以继日地工作着。现在他们知道这种化学元素就在他们从沥青铀矿蒸馏出的硅渣里，但他们必须把它彻底地分离出来。

经过耐心等待了 6 个月后，迈特纳观察到并精确测量出她一直在期盼的结果：标志着锕的特征的辐射的线性增长，同时伴随着疑似锕的母核的特征辐射的减少。接着她测量和估计了母核的半衰期。1917 年秋天，哈恩回到了柏林，两个人继续分离这种新元素，估计其参数。次年 3 月，他们投寄出一篇论文，这是他们在经历了这么多年的战争和饥荒，在极不利于科学研究的条件下所取得的成果。这是他们的胜利。这篇题为“锕的母元素：一种新的长寿命放射性元素”的论文发表在顶尖的德国杂志上。文章中，哈恩和迈特纳建议将他们发现的元素命名为镤（意思是“原始-锕”，即锕的母亲）。虽然其中大部分工作是迈特纳单独完成的，但作为资深作者，哈恩的名字也出现在文章上。

于是在经过一系列的艰苦实验后，迈特纳和哈恩在 1917 年终于有了一个重大发现：他们分离出了放射性元素镤——一种金属，在化学上类似于钒，在铀矿石中含量极少。他们采用索迪和法扬斯的方法找到了一种新元素，其结果也支持了前人的结论。这是一项重要的成就，但是同时他们两人也知道接下来还有很多工作要做。因为他们仍然没有回答铀究竟是如何变成其他元素的这个关键问题：放射性分解究竟是个什么过程？其中必有深层奥秘。他们并不知道，与此同时，他们的竞争对手也在寻找这个答案。这些人在巴黎和罗马。

在互联网出现之前，科学家之间利用不同的方式进行交流。有许多不同层面的学术会议：有一些来自世界各地的与会者，也有一些仅限于较窄的专题或局域地理范围内的讨论。洲际旅行需要漫长的海上航行，因而去参加在另一个大陆举行的会议一般很困难。可是在欧洲，由于有高效的铁路系统（今天仍然存在），科学家的聚会要相对容易得多。投送到期刊的文章同时以预印本的形式散发，所以大家很快就可以知道本领域的其他人都在做什么。此外，科学家们经常会花上一两年时间暂时离开自己的工作地点去其他先进的实验室跟随大师工作，如去欧内斯特·卢瑟福或尼尔斯·玻尔那里工作。

在法国，玛丽和皮埃尔·居里的长女伊蕾娜·居里在第一次世界大战期间中断了她在巴黎的学业。她做过护士和放射线技师，教授那些战地医生如何操作新的X光机。由于在战争中的英勇表现，她赢得了国家的嘉奖。战争之后，她返回学校继续完成学业。伊蕾娜很像她母亲（陡峭的额头、高颧骨、自然卷曲的浅棕色头发）。小伊蕾娜的许多时间都伴随着母亲在镭研究所里度过，实验室的人都叫她“太子妃”。后来伊蕾娜开始自己做辐射研究，得到在巴黎索邦大学攻读物理学博

居里夫妇和幼年伊蕾娜
（图片源自网络“维基百科”）

士学位的资格。她在1925年获得学位，在当时成为一个世界新闻报道的消息。她似乎命中注定从事科学研究，巴黎的新闻经常报道这颗冉冉升起的新星。她与众不同，穿着宽松随意，完全没有社会上的那些虚伪做作。

战争刚一结束，玛丽·居里面试新员工，聘用了保罗·郎之万推荐的一位年轻人——弗雷德里克·约里奥。没过多久，弗雷德里克开始与伊蕾娜一起从事铀的研究。经过几年彼此争夺在他们合作实验中的主导地位后，最终两人结婚了。他们的一个共同之处就是对玛丽的由衷钦佩。在青少年时期，弗雷德里克经常剪下报纸中有关居里夫妇的发现的报道，并贴在墙上。现在，弗雷德里克和伊蕾娜决心接过玛丽早年的工作，继续发展下去。

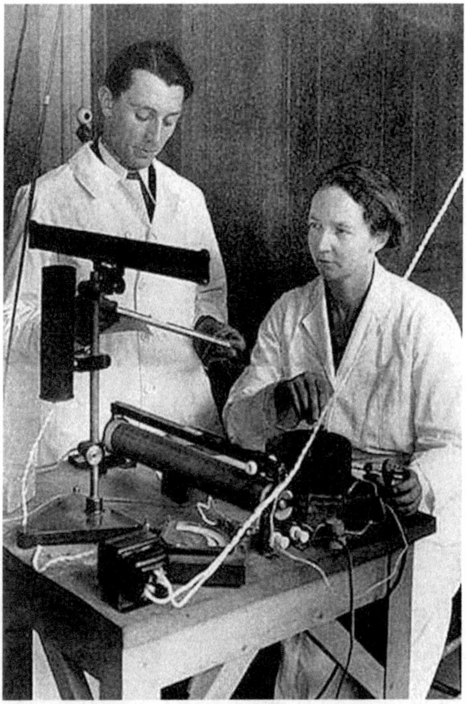

伊蕾娜·居里和弗雷德里克·约里奥在实验室
（图片源自网络“维基百科”）

作为一个宏大的目标，伊蕾娜和弗雷德里克这个新科研团队决定探索那个迈特纳和哈恩在柏林想要知道的奥秘。这个在 20 世纪 20 到 30 年代困扰着两个团队、可能涉及一般放射性的问题是：铀遭受粒子轰击时会发生什么？詹姆斯·查德威克（1891—1974）于 30 年代初期在英国发现了中子辐射（中子从放射性原子核的释放），物理学家们想知道当一个铀原子核被中子撞击时会发生什么。

铀是已发现的最重的天然元素。那么，铀是否会吸收这个额外的中子，形成一个科学家们想象中的更大、更重的“超铀”核呢？（超铀元素的一个例子是钚，比铀-238 重。但钚是一个人工合成的元素，在很久以后通过不同过程被发现。）

1932 年，一位天才人物在罗马独自研究同样的问题。在短短的几年后，他被公认为最后找到了答案——他以实验证明完胜了柏林和巴黎的竞争对手。他就是恩里科·费米。

与今天一样，当时的物理学和化学的实验室研究是件非常繁重的工作，通常需要花很长时间来制备实验需要的反应化合物。例如，原矿石可能需要用一种酸或一种氧化剂（类似漂白剂的东西），经过几小时、几天或几周时间来处理，而且需要科学家在制备期间一定的时间段内随时密切观察，以避免过度处理。而实验本身分不同阶段，每个阶段又可能持续很长时间。最后科学家必须做出计算，推导数学模型的方程，记录和分析结果。这是个耗时耗力的工作，毫不夸张地说，它永无止境。

对每位科学家而言，想从实验室里求得真知意味着需要做出牺牲，为了研究而放弃自己的时间和个人生活。

在两次世界大战之间的那个时期，各国政府在研究和开发上投入了巨额资金。行业需要重建，经济需要回升。特别是德国，当然也有英国、法国和美国，都十分重视教育和研究方面的投资。科学在发展，与今天一样，那些投入大的地区更受欢迎也更能够吸引优秀人才。这是物理发展的一般趋势，特别是对于当时的放射性研究。

科学家们发明了各种巧妙的实验，再加以设想，并结合化学、数学和理论物理等各个领域的知识进行分析研究。这些最前沿的科学问题促使不同团队之间展开了激烈竞争，他们要揭开隐藏在其中的真相。

5

恩里科·费米

恩里科·费米（1901—1954）出生在罗马的一个中产阶级家庭。父亲阿尔贝托——一个来自波河河谷乡村靠自学成才的男人——是意大利铁道部门的一个负责人。母亲伊达是意大利南部巴里的一名小学老师。费米全家住在铁路车站附近的一所公寓里，是一处只供应冷水的房子。他们家有 3 个孩子。最大的女孩玛丽亚生于 1899 年，其次是 1900 年出生的朱利奥，恩里科的年龄最小，出生于 1901 年。

恩里科和朱利奥年龄非常相近。这两个男孩没有其他朋友，只有他们两人分享着一切：相互保守秘密，在一起制作电动机，还一起求解那些数学和物理学的难题。不幸的是，朱利奥在 15 岁那年进行咽喉脓肿手术的麻醉过程中意外离世。这起悲剧对这个家庭是个沉重的打击。恩里科失去的不仅是哥哥，也是他最亲密的朋友。他变得心灰意冷，只好从书中找到安慰。朱利奥是母亲伊达最喜欢的孩子。儿子的死使母亲伤心欲绝，她始终没有从失去孩子的悲伤中恢复过来。

在恩里科 20 多岁的时候，母亲也去世了。

与莉泽·迈特纳一样，恩里科·费米在 14 岁的时候就立志要成为一位物理学家。但与迈特纳不同的是，他没有经历过那种性别上的歧视。年轻的恩里科在追求理想的道路上没有遇到过多少麻烦。他特别喜欢做的两件事是徒步旅行和阅读。在罗马，他可以找到任何他想要的物理和数学书。19 世纪意大利的数学和理论物理处于鼎盛时期。而在这之前，在伽利略的影响下，意大利就已经在科学领域处于领先地位。青少年时期的恩里科大量搜集意大利最优秀的科学家们的著作，拿回来贪婪地阅读。他把寻找这些书的过程当成是愉快的经历，甚至把寻书视为一种技巧。每周三是罗马的市场日，恩里科总在这一天去位于市中心的鲜花广场。1600 年，乔尔丹诺·布鲁诺就是在这里被绑在柱子上烧死的。恩里科常常在那里的旧书摊位寻找他感兴趣的书。他在 1915 年得到了一本《数学物理概要》，是 75 年前的 1840 年由耶稣会士安德烈亚·卡拉法神甫用拉丁语写成的。这位 14 岁的少年在学校里已经学了足够多的拉丁语，所以可以读懂这本书。这是他的第一本物理书。恩里科一边读着这本书，一边对他的姐姐发表评论：“真是太神奇啦！它居然解释了行星的运动！”还有“我正在看各种各样的波是怎样传播的！”玛丽亚也感到好奇，但这些对她来说都很难，因为她对物理或数学不感兴趣。一天，恩里科告诉姐姐：“你知道吗，这本书是用拉丁文写的

——可我一直没有注意到。”

费米在学校里数学和物理方面表现超群。为了满足知识欲望，他自学了更高深的课程。有一次，他跟父亲手下的一位铁路官员阿道夫·阿米代伊聊天。恩里科知道当时30多岁的阿米代伊是位业余数学家，酷爱阅读，喜欢求解数学和物理中的问题，他还知道阿米代伊有丰富的藏书。恩里科经常来接他在铁路办事处上班的父亲，然后陪父亲一起回家。一天，他开始与阿米代伊谈论数学，费米问阿米代伊：“重要的几何性质无须经过度量就可以知道，真的有这样一个几何学的分支吗？”

阿米代伊告诉费米，数学中的确有这个领域，称为射影几何。他拿给费米一本书，费米很快就读完了。让阿米代伊吃惊的是，他发现费米不仅能看懂书中所有内容，而且还能毫无困难地解出书中的几百道习题，其中有些连阿米代伊都觉得很难。接着费米问阿米代伊是否能再借给他更多的书。被惊呆了的阿米代伊承认他上司的这个儿子的确是个少见的天才。正如他写给费米后来的一个学生，也是一位诺贝尔奖得主的埃米利奥·塞格雷的那样：“那时我确信恩里科是个神童，至少在几何方面。对于我的这个看法，恩里科父亲的回答是：‘是的，在学校里我儿子是个好学生，但是没有一位老师意识到这孩子是个神童。’”

在1914—1918年的第一次世界大战期间，阿米代伊全力培养着处在智力发展时期的费米，把自己收藏的很多数学和物理书毫无保留地借给这位年轻人，每本书都可以让他保留一年或更长的时间，并和他讨论书中的观点和问题。这些都是当时或上一个世纪最优秀的数学家和物理学家写的教科书。其中有恩内斯托·切萨罗的代数，路易吉·比安基的解析几何，乌利塞·迪尼的微积分，朱塞佩·皮亚诺的逻辑学，这些人全都是意大利数学在鼎盛时期真正能够登上“名人榜”的作者。还有欧洲其他著名数学家的书，如德国的赫尔曼·格拉斯曼的书以及著名的法国数学家西莫恩·德尼·泊松的理论力学书（有趣的是，那时候理论力学这门课是数学课程的一部分，而不算物理课程）。费米读这些书时没有多大困难：法语是他学校教的一门课，另外他自学了德语，可以看懂德文写的数学书和文献。这位还在启蒙时期的数学天才的能力远远超出了高中为升大学所准备的通常教学水平。

虽然罗马当时就有很好的大学，阿米代伊却建议恩里科去比萨高等师范学校就读，这是比萨大学系统的一个最负盛名的学院。从 17 世纪伽利略时代开始，这里就一直有最好的数学家，其中两位数学家比安基和迪尼的书，年轻的费米当时就已经读过了。还有一些意大利数学家也在这里工作，如格雷戈里奥·里奇-库尔巴斯托罗、维多·沃尔泰拉和圭多·富比尼。对所有学数学的学生来说，这些都是如雷贯耳的名字。

由于失去了一个孩子，父母不愿让恩里科离开罗马，因为罗马也有自己的优秀大学。但阿米代伊恳求他们让这孩子去那所他认为是最好的数学与物理学院，他强调这孩子的未来取决于教育质量。几个月后，费米的父母终于被说服了。

虽然比萨大学有 1 万名学生，但比萨高等师范学校却只录取 40 名学生。选出来的学生被安置在一个文艺复兴时期风格的殿堂，靠近比萨斜塔。

在这种高水平的学习环境里，学术成就早早地就光顾了费米。在大学第二年的 1919 年，费米开始用一本笔记本记录他在物理上学到的东西——包括课堂上学的和自学的。他的这个笔记本整理的理论记录伴随了他很长的时间，直到他完成了学业很久以后，甚至离开意大利到了美国以后依然保留着这个笔记本（这个笔记本也是他 1954 年在美国去世后遗赠给芝加哥大学的遗物之一）。在笔记本中，他记录了他对量子理论基本问题的理解——马克斯·普朗克对黑体辐射的分析，爱因斯坦关于光电效应的结果以及玻尔的原子概念——也有他对相对论的认识。学校的教授和同学们很快意识到他确实是一个无与伦比的年轻人，具有一个伟大物理学家所具备的天赋和能力。

费米很快成了物理系甚至整个大学的领袖人物。有位教授每当看到他就跟他开玩笑："费米，教我点什么吧。"费米被允许在任何时候去物理实验室设计他自己的实验，这项特权在学校历史上从未给过任何其他学生。而就是在这个时期，费米的主要智力特征变得十分清晰：理论和实验方面的才智完美地聚集在他的身上。他罕见的数学能力使得他能出色地发展物理理论，同时他不断追求创新实验，总是在创建自己的实验仪器。他在整个职业生涯中都体现着这种特长：他能写很抽象的物理数学理论文章，又能亲手构建复杂实验来检验和展示理论结果。

可生活并不仅仅是勤奋工作和静坐思考，费米和其他学生也把很多业余时间花在亚平宁山脉，这条山脉纵连意大利南北、邻接比萨附近的利古里亚海岸线。虽然亚平宁山远不如它北面的阿尔卑斯山高，但是它陡峭，从比萨区域的海平面拔地而起。这里有著名的卡拉拉采石场，生产称得上世界最好的大理石，被米开朗琪罗、多纳泰罗和历史上其他伟大的雕塑家所采用。费米和他的朋友特别喜欢在周末攀登采石场里那些异常陡峭的山背。费米成了一个强壮的

比萨大学时期的费米

（图片源自网络“维基百科”）

登山者，每次登山都在前面，不断地鞭策自己攀得更高，也由他来确定一起登山的朋友在什么时候休息和休息多长时间。他曾宣称自己有一对最强壮的腿，可以走几个小时而不需要休息。

与许多年轻人一样，这些在校学生喜欢捉弄周围居民。他们成立了一个自称为“反邻居社会”的团体，想出一些他们自以为聪明的恶作剧。那个时候意大利的一些街道角落有公共小便池。当有人小便的时候，学生们把从实验室偷来的小钠块往小便池里扔。钠块遇到水就会发生爆炸，能把这些上厕所的人吓个半死。这种不逊行为也蔓延到实验室。化学课上，教授会发给学生一些化合物样品，需要经过冗长的过程分析其中的反应物，从结果最终确定化合物的成分。费米讨厌浪费时间，发现用显微镜观察是最简单又快捷的方法。而且这些廉价化合物通常都可以在清洁用品商店买到，他知道它们在显微镜下是什么样子。他领着他的同学们在实验室里使用这种“诡计”。快速识别后，他和同学们在实验报告里煞有其事地写上那些他们根本没有做的复杂鉴定过程。

费米在系里有个好朋友叫佛朗哥·拉赛蒂。费米经常跟他一起徒步旅行，也一起搞恶作剧。拉赛蒂怂恿费米在田里趴上几个小时捉壁虎和蜥蜴，然后带到学生食堂里放出来，吓唬在那里当服务员的乡下姑娘。这成了这两个男孩子经常玩的一项娱乐。费米的妻子劳拉·费米说，费米趴在地上“狩猎”的时候，眼睛盯着地面寻找爬行动物，脑子里却在思考物理问题。她在几年后写下这样的一段：

虽然他注视着地面，准备好一旦壁虎出现就拉套索，他的脑子其实在思考。他的潜意识里是泡利（不相容）原理和理想气体理论。在他的思维深处是他一直在思考的问题：没有一种气体中的两个原子可以以相同速度运动；或如物理学家们所说的：理想单原子气体中的每个量子态只允许容纳一个原子。

1925 年，奥地利物理学家沃尔夫冈·泡利提出了他著名的“不相容原理”，这是主宰微观原子世界里粒子行为的量子规则之一。泡利不相容原理说，不允许一个原子中的两个电子（或其他费米子——表示一类以费米的名字命名的特定粒子）所具有的所有量子数都相同。它们必须至少在一个方面有所不同：例如，如果它们处在相同的轨道上，则它们的自旋必须相反。

费米将泡利原理应用到由大量单原子组成的气体。他可以证明，在特殊情况下，这个量子原理也适用于较大的系统。这是个非常重要的发现，因为它提供了这样一个例子，将量子规则延伸到比单电子、质子或原子大得多的实体——大到可以通过人的眼睛看到的集合，如瓶子内的气体。这一领域由印度物理学家萨特延德拉·纳特·玻色和爱因斯坦在 1924

年开创，用来研究粒子集合的量子行为，称为玻色-爱因斯坦凝聚。费米的工作在这个方向上又迈出了重要一步。

费米是个与众不同的理论家，又是个实验工作者。在物理实验室，他设计的关键实验之一是晶格的 X 射线分析，用来揭示晶格的劳厄衍射花样。为此目的，费米独创了 X 射线管实验，从而使他获得重要的新成果。这是他首次进军放射性领域，他发现自己已经深深地爱上了原子核物理学。

费米延续着他本科的研究，于 1922 年完成了关于辐射过程的论文，获比萨大学物理学博士学位。那时他已经发表了一些论文，有关于理论的，也有关于实验的。也是在那一年，他在广义相对论方面有个重要发现，证明了空间是符合欧几里得几何的。他发表的相关论文利用一个数学定理推导出了非常理论性的结论，证明在宇宙中的一个很小区域附近，空间是平坦的。这使得他在职业生涯早期就确立了顶级科学家的地位。

空间的形状是科学的奥秘之一，几乎每个时代的物理学家、天文学家和宇宙学家都在这一领域有新的发现。爱因斯坦的广义相对论表明，巨大物体周围的空间是弯曲的。事实上，这个理论中的质量是用空间的曲率定义的。麻省理工学院的物理学家阿兰 · 古斯在 20 世纪 80 年代提出了宇宙膨胀理论，表明空间在相当大的范围内（远超出质量造成的局域扭曲）几乎是完全平坦的。这已于 1998 年通过宇宙学实验观测（通过遥远星系的速度和距离间的关联）以及由卫星测量的空间微波背景辐射所证实。

费米的妻子形容费米是这样的一个人：他的大脑像一个运转的时钟，他每天一大早开始工作，持续不停地到晚上 9 点 30 分，然后立即上床睡觉。他对所有的物理问题要么“清楚”要么“显然”。面对一个问题，他会闭上眼睛想一会儿，然后答案就脱口而出，好像没有经过多少脑力劳动。

在接下来的几年中，费米去过欧洲的几所大学。1923 年，他利用意大利政府奖学金在德国著名的哥廷根大学待了几个月，跟随量子先驱玻恩一起工作。接着在 1924 年，费米利用洛克菲勒奖学金在荷兰的莱顿大学度过了 3 个月，与爱因斯坦的好朋友、物理学家保罗 · 埃伦费斯特合作。费米从莱顿回来后在佛罗伦萨大学物理系找到了工作。物理楼群位于佛罗伦萨市郊外的阿切特里，远离大学的其他院系。伽利略从 1633 年开始就被异端审判所拘禁在这里的别墅，直到 1642 年去世。

费米的好朋友拉赛蒂也在佛罗伦萨，他们两人在一起工作充满乐趣。费米教拉赛蒂理论物理，而拉赛蒂则为他们关于弱磁场中的汞共振设计出巧妙的实验，并得到了很好的结果，在原子光谱研究方面作出了重要贡献。这种合作鼓励着费米，他越来越在意快速积累那些现代物理前沿的重要论文，这样他可能得到一个全职的学术位置，使他能够从事他喜爱的教学，还能够继续做一流的物理研究。

1925 年，费米向位于撒丁岛的卡利亚里大学物理系申请职位，但被拒绝了。原因是那里的绝大多数教授都不相信爱因斯坦的相对论，而费米曾经在这个领域写过不少文章。可是那里有两位著名教授将票投给了费米，他们是数学家维托·沃尔泰拉和图利奥·列维-奇维塔，爱因斯坦在 1915 年推导广义相对论时曾用了他们关于张量分析的结果。不过这个位置最终给了另一位候选人。费米不得不继续留在佛罗伦萨。

费米最终在罗马的一次职位申请中成功了，而且是在一个非常有名的学术机构。当时罗马大学物理系主任是马里奥·克比诺，他还是一名参议员（即君主制下的意大利参议院的终身会员），因此他也参与国家的政治运作。克比诺一心想创建欧洲最好的物理系。1926 年秋天，选拔罗马大学理论物理学讲席教授的竞争在全国范围内展开。选拔委员会在 1926 年 11 月 7 日举行会议宣布：恩里科·费米以绝对优势胜出。这位年仅 25 岁的物理学家被认为做出了一流的科学工作，这个位置授予他是实至名归。能够返回家乡罗马使费米非常高兴，这也满足了他从事他所喜爱的教学和物理学前沿研究的愿望。

克比诺当时在招募优秀的年轻物理学家，他具有一种长远的眼光，费米在他眼里是颗冉冉升起的新星。1927 年，克比诺邀请拉赛蒂前来参加罗马的费米团队。能和好朋友一起工作，拉赛蒂感到十分高兴，于是从佛罗伦萨前来加盟。一位罗马大学的工科学生埃米利奥·塞格雷，有一次和拉赛蒂一起去山区远足。通过与这位年轻教授长时间的谈话，塞格雷对物理有了理解，并很快地决定将他的专业从工程改为物理，跟随著名的费米学习。他曾经听过费米有关新量子理论的公共讲座，已经成为这个新理论的崇拜者。于是塞格雷加盟了新成立的克比诺团队，成为费米的第一个、也是最优秀的博士生。

几个月以后，塞格雷又说服了他的朋友，同样也是罗马大学工程系的艾托里·马约拉纳转了专业前来加入这个新兴的物理团队。马约拉纳是个无与伦比的天才，是一位出类拔萃的数学物理学家。他是唯一的能在数学计算速度上超越费米的人。其他一些人需要用纸和笔或用 20 世纪 20 年代已经有的早期计算设备——滑尺——做的那些计算，马约拉纳完全用心算就可以完成。不幸的是，马约拉纳于 1938 年离奇失踪，过早地结束了生命，也许是在海上自杀了。

物理系在罗马市区潘尼斯波拿大街上一座漂亮壮观的建筑里，距离大学的其他院系有些远。很快，克比诺团队的这群优秀年轻人在大学和社区内获得了极好的口碑，别人都喜欢叫他们“潘尼斯波拿大街的男孩”。

费米和拉赛蒂的关系非常密切。渐渐地，两个人形成了一种相同风格的行为举止。他们两个说话时嗓音都很低，

费米和潘尼斯波拿大街的男孩们（摄于1934年左右，图片源自网络“维基百科”）

语速缓慢，表现出一种深思熟虑。这种风格后来被越来越多的克比诺年轻物理学家所仿效。埃米利奥·塞格雷讲过他们其中一位的故事——有一次，一位年轻物理学家在意大利的火车上与一位旅客交谈，这位旅客的同伴转身问他：“你是不是罗马大学的物理学家？”“我是，”这位克比诺成员回答道，“可你是怎么知道的？”“噢，从你说话的方式。”这位旅客回答说。

1928年7月19日是非常闷热的一天，罗马气温高达104℉[①]。费米和劳拉·卡彭在这天成婚。两个人于1924年春天通过在一起踢足球的朋友相识，当时她16岁，他23岁。后来在1926年夏天，他们一起在多洛米蒂山脉徒步旅行。同

① 华氏度（℉）=摄氏度（℃）×1.8+32——译者注。

年冬天，费米成了罗马大学理论物理的正教授，劳拉那时还是大学的一名理科学生。劳拉从来没有听过这位著名的年轻教授的任何课，但有一次，两人在一位共同的朋友、罗马大学一位数学家的家里再次相逢。经过几年的恋爱，他们决定结婚。由于费米是天主教徒，而劳拉是犹太人，所以他们不能举行宗教婚礼，只能用民间仪式。婚礼是在 1928 年最热的一天，在一座位于古罗马心脏地带的小山——卡比托利欧山上的罗马市政厅举行的。

结婚之后，费米夫妇搬到罗马市中心距离大学不远的一个小公寓里，生活上还算方便。他们有一辆标致牌敞篷汽车，可以开车去罗马周边的农村，去佛罗伦萨看望劳拉的叔叔，可以继续享受郊外远足和去山区度假。他们在 1928 年的蜜月期间成了首次乘坐商业航班的一对意大利夫妇。他们乘坐水上飞机从罗马到热那亚，再乘火车到瑞士的阿尔卑斯山，在那里，他们花上几周时间度假。可是他们的生活并不是衣食无忧。费米婚后要养活妻子，需要想法赚更多的钱。他让年轻的新娘帮他一起写本原子物理教科书。在阿尔卑斯山，后来也在他们的小公寓里，费米全凭记忆，无须使用任何书本或笔记。劳拉则负责编辑和打字。就这样很多年，写教材给他们带来了不少额外收入。

1929 年，恩里科·费米入选贝尼托·墨索里尼刚设立的意大利皇家学院。所有的成员都要佩戴宝剑和羽毛装饰，并配有精美的制服——费米对这些非常憎恶，只要有可能他就避免穿戴这些。每个成员都有个头衔，被尊称为“阁下”。1926年，墨索里尼设想用这个唯一的皇家学院取代所有其他学院，旨在向世人展示法西斯科学，以掩饰法西斯主义的丑陋面孔。其成员分布涵盖科学的所有学科，只有一位院士是物理学家。很多人对获得提名寄予厚望，有许多年长的物理学家比起克比诺团队中的任何人都要资深。按照法律，克比诺本人作为一名参议员不能被提名。1929 年 3 月，秘密选拔学院新成员的最终结果宣布，费米被选出代表物理学科。

费米本没有期望过自己会被提名。尽管他有反法西斯主义的情结，但仍感到高兴。他的妻子描述道，其中的原因纯粹是出于财政上的考虑。费米的薪水并不高，他总是感到需要通过图书版税和演讲作为收入补充。但墨索里尼支付给新院士的额外收入是费米工资的一倍半。这一大笔钱使费米很高兴。他也从此被称为“费米阁下”。他的妻子说，有一次他们入住阿尔卑斯山的一个滑雪宾馆时，老板问他：“您和著名的费米阁下有关系吗？ ”“他是我的一个远房兄弟。”费米回答道。接着费米夫妇径直走向滑雪场，留下背后那位陌生人羡慕的目光。

费米的幽默远近闻名。一天，费米被安排去意大利科学院的一个特别会议上发言。会议在墨索里尼的威尼斯宫（从其阳台可以俯瞰宽阔的威尼斯广场，元首经常在此发表言辞激烈的演讲）举行。当然这座宫殿有意大利国家宪兵严格把守。乘坐加长轿车抵达会场的院士们会立即受到接待，可是费米（大家都知道他从不愿坐别人的车）自己开着他的小车来了。因为他开着一辆不起眼的汽车，立即被看守宫殿的宪兵挡住，并问他是谁。费米想，如果告诉他们“我是恩里科·费米阁下”，他担心卫兵根本不会相信他，所以他说：“我是恩里科·费米先生阁下的司机。”果然卫兵回答说：“好的，开进来吧，把车停好等待你的主人。”

1930 年，作为第一个也是唯一的意大利物理学家，费米应邀参加了索尔维会议。这是始于 1911 年的系列研讨会举行的第六次会议。在那里他见到了那个时代最伟大的物理学家们，其中许多人在研究核物理学、辐射理论以及量子力学。费米在 1929 年发表的那篇重要论文“辐射的量子理论”，奠定了放射性过程的理论基础。在写这篇开创性文章的时候，费米利用量子力学中的结果来解释当原子核分裂并产生辐射时，原子核内部发生的情况。费米经常和他组里的其他成员探讨。他进行理论计算，然后让拉赛蒂、塞格雷或马约拉纳来检查。这是一群相当年轻的科学家，年龄在 20～28 岁。参加验证费米工作的马约拉纳是组里唯一能和费米讨论深奥的理论数学概念的成员，与费米处于同等水平。

在克比诺的鼓励下，费米团队在 1930 年又认识到仅有理论是不够的，在罗马他们需要进行有关放射性及其相关过程的实验。由于罗马的物理学家在实验方面的经验不如世界上其他许多地方的物理学家，因此他们决定派遣组内成员去国外学习先进实验的经验。埃米利奥·塞格雷被派往汉堡学习实验技术，佛朗哥·拉赛蒂被派往柏林跟随莉泽·迈特纳学习放射性。拉赛蒂在柏林凯撒威廉学院迈特纳的实验室学会并带回罗马的实验技术对罗马团队后来进行的中子辐射实验至关重要。

恩里科·费米在他的科学生涯前期，曾花了一段时间学习那个时期的热门物理学科——相对论和量子力学，并作出了一些贡献。他已经把自己训练成了一个非常独特的物理学家：一个被同行公认的完全掌握物理理论和实验技能两方面的人。他已做好了一切准备，攻克当时最重要的科学问题：放射性及其性质的研究。

沃尔夫冈·泡利和费米还有其他人一直在研究 β 衰变。这是一些特定元素产生的放射性，是从原子核内部发射出的电子（而不是那些围绕着原子核在轨道上运动的电子）。泡利一直对 β 衰变的能量总是比计算结果少这一事实感到困惑。既然在物理反应过程中能量和动量都必须守恒，泡利推测如果已知的守恒律是正确的，那么一定是现有的理论里面少了什么东西。换句话说，根据能量守恒定律，系统的总能量在 β 电子出射之前和之后必须相等。可见系统丢失了部分能量：原子核以及出射后的电子（即系统在 β 衰变后）比在电子离开原子核之前（即系统在 β 衰变前）的能量要小。然而，他们并没有观察到另外还有一个粒子和电子一起离开了原子核。为了解释 β 衰变后的“能量丢失”，泡利提出存在一种电中性粒子，这种粒子非常之小，仅具有非常微小的质量或者根本就没有质量，它和物质基本上没有任何相互作用。这种粒子难以捉摸，很难被探测到。1931 年在罗马大学一次由费米主持的物理会议上，泡利呼吁物理学家们在他们的放射性实验中寻找这种假设的粒子。

费米赞同泡利的假设。他在 1934 年把这种中性粒子引入了他的 β 衰变理论，把它命名为中微子。他进一步假设，中微子和其“反粒子”，即反中微子，对 β 衰变都很重要。根据费米的理论，在此过程中，一个中子衰变时将变成一个质子，同时放出一个电子和一个反中微子。而在其反向过程中，当一个质子吸收了能量后可以变成一个中子，放出一个正电子（电子的反粒子）和一个中微子。

1956 年，美国物理学家克莱德·科温和弗雷德里克·莱因斯报道了一个历史性发现。经过分析北卡罗来纳州一座核反应堆的辐射，他们证实了中微子的真实存在。而在 1934 年，恩里科·费米已经把关注点转向了中子诱发铀的放射性这一重要问题上。

6 罗马实验

恩里科·费米萌发了一个雄心勃勃的想法：系统地揭开铀的神秘面纱，弄清楚其放射性的秘密。20 世纪 30 年代，费米在罗马大学的一个小实验室里开始了首个关键实验。费米领导的一组年轻科学家把他们所有的热情和精力都投入这项前沿领域研究之中。沿着柏林、巴黎、哥本哈根的研究方向，这个充满朝气的创新团队继续朝着对核反应的充分理解、最终实现原子能利用的这个方向迈出了重要的一步。

1933 年在布鲁塞尔的索尔维会议上，费米见到了原子和量子物理领域所有的伟大科学家：保罗·狄拉克、沃尔夫冈·泡利、路易斯·德布罗意、玛丽·居里和她的女儿伊蕾娜·约里奥-居里、欧内斯特·卢瑟福、詹姆斯·查德威克和维尔纳·海森堡。会议讨论了泡利理论中关于 β 衰变丢失的能量和出现新粒子的假设。费米回到罗马后对这个问题进行了深入的理论分析。泡利的想法仅基于一种猜测，还没有实验上的证据或理论上的突破。在分析了理论细节并利用了所有已知的实验数据后，费米得到了本书上一章所提到的 β 衰变定律。除了当时公认的两种相互作用力——引力和电磁力之外，费米的理论引入了自然界中一种新的力，即“弱相互作用”力，它在放射性衰变中起着关键作用。

第七届索尔维会议（布鲁塞尔，1933 年 10 月 22—29 日）
（图片源自网络“维基百科”）

费米知道他的理论贡献对理解原子核及其放射性衰变很有价值，于是他在罗马的一次讲座上报告了他的研究结果，给在场的听众留下了深刻印象。费米打算把他的这些想法广泛地传播到科学界。他理所当然地认为《自然》杂志是最合适的。不料历史上最令人尴尬的一幕发生了：这个享有盛名的杂志居然拒绝刊登费米的文章。编辑回应道，费米的文章被拒是因为它包含有“距离物理现实遥不可及的推测”。

总算让费米感到满意的是，他的结果最终发表在一家意大利杂志上，也发表在德国的《物理学杂志》上了。正当费米提出了关于β射线是如何突然从某些元素的原子核内部释放出来的理论解释，并且准备在一家德国杂志上发表论文的时候，巴黎传来了爆炸性消息。伊蕾娜·居里和弗雷德里克·约里奥经过努力，在放射性实验研究领域取得了同样重大的进展。

1934 年 1 月，伊蕾娜·居里和弗雷德里克·约里奥宣布他们已经能够人工诱发放射性。他们的研究结果发表在 2 月 10 日的《自然》杂志上，引起了极大轰动。这是科学上的特大新闻，因为直到那个时候，人们都认为放射性是自然界发生的事情，不是通过科学实验诱发的。为表彰这一发现，居里和约里奥于第二年的 1935 年被授予诺贝尔奖。

巴黎的约里奥-居里团队将一片很薄的铝箔放在钋产生的 α 辐射源前面。α 射线是较重的粒子——由 4 个结合在一起的小粒子组成：两个质子和两个中子。当这些 α 粒子撞击其他原子核时，有可能诱导人工辐射，这就是约里奥-居里团队的发现。α 射线来自钋，而铝箔是靶子，其中的铝原子核经 α 射线诱导产生辐射。辐射的形式是发射正电子（具有和电子一样的质量、带正电的粒子；正电子是电子的反粒子)。约里奥和居里发现，由此产生的辐射与自然发生的辐射一样，铝原子核发生的正电子辐射呈指数衰变，可是这种人工制造的放射性半衰期非常短，只有 3 分钟 15 秒。随后他们发现，暴露在 α 射线下的硼的反应出现相似结果，以 14 分钟的半衰期指数衰变。还有镁也是这样，半衰期大约为 2.5 分钟。

如果铝、硼、镁的反应如此，是否暴露在辐射下的其他元素的反应也是这样？这是一个重要的问题，因为它的答案可能是发现辐射本质的关键。整个世界的科学家都深深地被这个诱人的问题所吸引。

恩里科 · 费米在罗马也在思考这个问题，他决定自己必须再一次从理论研究转向实验。有相当一段时间他一直在从事理论工作，现在他打算把注意力转向实验，以便能仔细推敲并超越约里奥-居里的发现。

费米知道 α 辐射对于这类实验并不是非常有效的。α 粒子又重又大，一张纸就可以把它们挡住。这种令人惊奇的结果在实验室就可以看到。因为 α 粒子携带正电(正电荷来自占 α 粒子质量一半的质子)，它们与围绕着原子核的电子云相互作用，影响着它们的轨迹。而即使这些 α 粒子能够到达原子核附近，也会被同样带正电的原子核所排斥。最后实际上只有小部分的 α 粒子能被靶核吸收。

费米想到一个更好的主意。如果不用自然界产生的 α 射线，而是用新发现的中子（仅在两年前的1932年由詹姆斯·查德威克发现）轰击靶核，他有可能改进约里奥-居里团队的实验设计。费米指出，他的这个方案之所以更好的原因是中子非常小，又是电中性的。因此中子很容易穿越原子核周围的电子云而不受干扰，同时它们不会受到带正电荷的原子核的排斥。从某种意义上来说，对这类小型、快速、电中性“子弹”的攻击，靶核毫无防备。

费米从理论和实验研究结果知道，如果将铍暴露在镭或氡产生的 α 粒子强放射源之下（现在我们知道氡是有害于健康的放射性气体，它可以从地下渗入房间里），它会发射中子。乍看起来这好像是个浪费：产生 1 个中子需要有 10 万个 α 粒子去轰击铍。费米的科学思想却非常超前。他知道即使浪费大量的 α 辐射也要得到中子，因为中子是电中性的，不受原子内部电荷的影响，所以中子极有可能接近并撞到靶核。所以用中子轰击核对产生所希望的结果来说却是很有效的。

换句话说，费米认为一旦他通过 α 粒子使铍产生辐射而得到自由飞行的中子，就如同他手里掌握了一种魔法子弹。如果他用中子射进物质，而不受电子云的干扰也不被原子核所排斥，那中子最终将到达这个原子核。

费米不同寻常的思维引发了世界科学界对他工作的关注。在哥本哈根的尼尔斯·玻尔研究所以及其他国家实验室的物理学家们，都试图跟随费米的脚步一探究竟。莉泽·迈特纳的外甥奥托·弗里施是在哥本哈根工作的一位年轻奥地利物理学家，有阅读费米论文的习惯。他把这些论文从意大利语翻译过来，与他在玻尔研究所的同事们分享，领略这位意大利人的标新立异。弗里施回顾，当他知道费米决定利用中子的消息后产生的那种惊愕："……恩里科·费米准备轰炸元素，他不像大家那样用 α 粒子，而是用中子。这使我感到非常困扰，因为中子非常罕见；为产生一个中子，你需要浪费 10 万个 α 粒子来轰击铍。使用这种昂贵的子弹有什么意义？"但很快地，他与其他许多科学家都体会出了费米的精明——这种看起来有悖常理的浪费实际上是用一个非常巧妙的方法来制造完美的"子弹"去打击原子核。

在罗马大学的物理楼里有不少镭的样品，费米选择这些样品作为理想的 α 源。他把粉状的铍放入充满由镭产生的氡气的试管里，从而生产出实验用的中子源。现在他可以来准备测试除了约里奥和居里研究过的铝、硼、镁，还有哪些元素将发生因中子撞击而产生的人工辐射。

对于开展这种先进的实验，罗马团队并没有什么充分的准备。从 1 克镭（今天的价值是上万美元）衰变而来的氡气几乎只能在物理楼的地下室被偶然发现，在罗马根本找不到直接可用的实验装置。测量辐射的主要设备是盖革计数器，如前所述，是 1908 年由欧内斯特·卢瑟福的助手、德国物理学家汉斯·盖革发明的。20 年以后由盖革和他的学生瓦尔特·穆勒进行了改进，以便用它检测所有已知形式的电离辐射。费米不可能得到这种装置，所以他决定自己做一个。

为此费米想起了拉赛蒂，他最善于建设实验室仪器和技术设备。可是拉赛蒂根本不在罗马附近，他有些私人问题，想要周游世界去寻找真知。此时的 1934 年，拉赛蒂远在摩洛哥，无法联系上。于是费米做出了另外的选择，他自己制造盖革计数器以及辐射研究实验室所需要的其他先进仪器。

费米派他以前的学生，现在也是同事的埃米利奥·塞格雷到罗马的各个商店去采购。塞格雷每个星期都要带着一个大空包进城，到了晚上拎回来整袋子的化学品。

罗马团队系统地展开了约里奥和居里在巴黎首创的那种诱发放射性的实验。他们从塞格雷带到实验室的化合物里提取出纯元素，然后用盛有压缩氡气的玻璃管放射出来的中子轰击这些元素。他们用这种方式检验元素周期表中的许多元素，观看是否可以在一段时间内探测到放射性。可是因为从放射源所产生的中子（以及 α 粒子）也会引发盖革计数器计数，因此靶元素不得不换一个房间去测量。这就产生了一个问题。很多经过中子辐照过的元素仅在很短时间就成为放射性元素，有些放射时间甚至短于 1 分钟。因此费米和他的同事首先辐照一种元素，然后拿着这个被测元素迅速跑到走廊尽头的另一个房间，在那里用盖革计数器进行辐射测量。这个过程看起来相当滑稽——费米每天手里举着辐照过的元素在走廊里来回奔跑。

经过对元素周期表中绝大多数元素进行测试，费米和他的同事测试到最后一个已知的元素：铀。现在最重要的，也是最具争议的工作开始了。

费米猜测放射性和铀之间有着以前不知道的某种直接联系。他想要用中子轰击铀，设想由此可以产生比铀重的元素（超铀元素），即其相对原子质量大于铀相对原子质量的元素。由于铀核内部鼓鼓地藏有非常多的中子，由里面的力将这些粒子结合在一起，形成了最重的元素。想象用一个中子（获得中子本身需要一个诱导放射中子的过程）朝着一个体态臃肿的铀发射过去。费米设想这将使铀原子核变得更大：铀原子核会以某种方式吸收射向它的中子。

费米的这个设想既对又不对。铀-238，即相对原子质量为 238 的铀，在一定情况下的确可以吸收一个额外的中子，产生一个过渡元素铀-239，但它很快就衰变到当时还未知的放射性元素 Pu-239，现在称为钚。这些元素通常称为“人造的”，或称为“合成的”，因为它们不是天然存在的。

但是非常罕见的、只占自然界中所有铀的 0.7%的同位素铀-235，被发现不吸收遇到的中子。尽管科学家都期望看到超铀的形成，可是很快就证实了，在自然环境下，这是不可能的。

为了这项研究，费米在头一年就计划了出访欧洲的几个原子研究实验室，其中包括德国的哥廷根和荷兰的莱顿。在这些实验室里，他学到了怎样利用中子辐射去轰击铀原子。通过阅读发表的文章，他也了解到他在巴黎和柏林的竞争对手的工作。费米要争分夺秒地赶超他们——他知道，迈特纳-哈恩和约里奥-居里这两个团队对这项研究已经开展了多年。他们究竟得到了其中的多少秘密？一时找不出这背后隐藏着的真相，费米感到沮丧。

不久后费米雇用了奥斯卡·达古斯提诺，加强了他超过竞争对手的优势。在加入费米团队之前，奥斯卡·达古斯提诺曾在巴黎的玛丽·居里研究所工作过，非常精通约里奥-居里团队的研究细节。费米团队由此对如何进行放射性实验有了新的认识，这将推动他们在铀研究方面的工作。

费米团队的创新性实验使他们自己确信，利用中子轰击可以产生超铀元素。但是他们仍然需要一种分析结果的方法，一种观察当铀原子核被中子击中后会发生什么情况的方法。他们需要准确识别从反应可能产生出来的任何超铀元素，而这是非常困难的，且结果往往也是令人沮丧的。在通常情况下，实验根本得不到太多信息。费米一度失去了希望。

然而在1934年夏天，团队偶然发现一个看起来像是正确的结果。实验室中的探测器似乎表明核反应得到了比铀重的物质。这是多么令人激动啊！费米认为他现在已经通过铀对中子的吸收看到了难以捉摸的超铀元素。他准备马上发表这个结果。

中子的确是被铀原子核吸收了，从这一点来讲费米是对的。他和他的同事错误地以为，他们实际上已经观测到了由于吸收中子而形成的超铀元素，但他们未能正确地确定这个比铀重的物质是什么元素，或许是因为他们对化学分析不太精通。当时，意大利实验室有优秀的物理学家，但他们缺乏高水平的化学专门知识。

在进行了多次复杂的实验，即利用来自氡-铍放射源的中子对铀轰击之后，费米相信自己确实是首次发现了超铀元素，"93 号元素"。但这一发现后来受到几位科学家的质疑。今天科学家的共识似乎是：那个被费米自以为制造出来的"93 号元素"，现在称为镎，是 6 年后在加利福尼亚大学伯克利分校的实验室中产生的。而费米的"93 号元素"现在公认为是原子序数为 91 的元素。

那年夏末，卢瑟福勋爵在伦敦看到了费米的报告，并把它转达给了英国皇家学会。费米的文章也很快传到了巴黎的约里奥-居里和柏林的迈特纳-哈恩团队。若费米真正证明了中子辐照产生了一个尚未确定身份的超铀元素，看起来好像费米击败了他的竞争对手。伊蕾娜·居里、莉泽·迈特纳和他们的同事们都感到困惑：费米有可能是对的吗？

1935 年，伊蕾娜·约里奥-居里又仔细地对中子辐照进行了分析，其中包括化学分析。她发表了一篇论文，声称其中一个结果是实验中看到了元素镧（一种银白色金属，原子序数为 57，相对原子质量为 139）。但镧是比铀（其相对原子质量是 238）轻得多的元素，因此不能构成费米假定的“超铀”产物。

哈恩和迈特纳简直不敢相信：这岂不是与费米的证明相反吗？比铀轻的元素怎么可能出现在反应中？迈特纳认为，伊蕾娜·约里奥-居里一定是弄错了。几个月后，费米在罗马组织了一次会议，奥托·哈恩和弗雷德里克·约里奥两人出席了，而他们各自的合作伙伴都没有来。晚宴上，哈恩走到约里奥跟前对他说：“我认为你夫人的结果是错的。”当然，这个说法的关键问题是铀的行为：中子轰击铀以后，是形成比当时已知的更重的元素，还是以某种方式分裂成一些小块。这是当时最大的科学问题——从历史角度来看，也是最令人费解的。

弗雷德里克·约里奥回到巴黎，告诉他的妻子他所遇到的事情。伊蕾娜·约里奥-居里很生气。她是一位严谨的科学家，重复做了实验，得到了完全一样的结果，并再次发表。这时柏林的哈恩下定决心要证明她是错的，他十分恼火，在他的实验室里来回踱步。他还有另一个担忧——他很快将失去他的搭档。在希特勒的统治下，随着纳粹主义的反犹太运动升级，很显然，莉泽·迈特纳在柏林已经待不下去了。

1938 年，纳粹吞并了迈特纳的祖国奥地利后，新种族法律废止了她奥地利犹太人的公民身份。法律上，迈特纳现在是德国公民。虽说是这样，但法律不许她自由出境。如果迈特纳决定逃离，则行动必须是秘密的。哈恩没有危险，没有必要也没有任何离开德国的愿望。所以他们的团队即将失去一位领头人。当迈特纳在黑暗的掩护下准备乘火车离开柏林的时候，哈恩来到他们的实验室为她送行。

迈特纳离开了柏林。这不只对她的个人生活将产生强烈影响——她将成为战争中的一个难民——同时也将对她的科学研究产生很大影响。离开了柏林的实验室，她将只能通过哈恩从柏林寄来的信件获悉实验室的结果，而她只能用理论推导继续那些深深困惑着她的工作。归根结底，她从德国的流亡可能导致了她与理应得到的诺贝尔奖（表彰她离开以后所完成的重要工作）失之交臂。

7 多事的1938年

1938 年 7 月 14 日，意大利通过了题为“种族宣言”的反犹太人法。这个法令效仿臭名昭著的纳粹纽伦堡法案[①]，依照伪科学证明犹太人是一个不同于所谓的雅利安意大利人的种族。值得欣慰的是，大多数意大利人都反对墨索里尼的这个法令，只有极少数的科学家认可这个可耻的条例。

生活在意大利的犹太人与其他种族世代相处，在很大程度上已经被同化，和基督教一直保持着良好的邻里关系。在意大利南部的部分地区，非犹太人甚至不知道有犹太人住在他们中间——他们看上去没有任何区别——而且有些地区根本就没有犹太人。有一次发生过这样一件事情：西西里岛的一个小镇的镇长收到上司的一封电报，命令他像许多其他市长那样对犹太人强制推行隔离新法令。他打电报回复罗马说：

① 纽伦堡法案是纳粹德国于 1935 年颁布的反犹太法律。主要包括禁止“德国人”（指具有德意志民族血统者）与犹太人结婚或有婚外性行为；剥夺“非德国人”的德国公民权——译者注。

“同意。可是什么是犹太人？请送个样品过来。”

劳拉·费米来自一个犹太家庭，但她和恩里科所生的孩子们都跟随恩里科家族信奉天主教并受洗。因此，恩里科和孩子们没有危险，但劳拉却不一定。事实上，自从纳粹在 1943 年 9 月占领了意大利以后，短短几年内，许多意大利犹太人被送往奥斯威辛集中营。此外，恩里科对他的政府在 1938 年的所作所为感到极大愤慨，对家人的安全和福祉不抱有任何幻想。他开始打听去其他国家的工作机会——特别是去美国。

费米一家在前些年去过美国多次，费米非常喜欢美国，尽管他的英语还不是很好，他自己开设讲座有困难，学生理解起来更困难。奇怪的是，由于 1938 年 7 月的反犹太主义法令，费米本人急于离开，而劳拉倾向于留在罗马——至少目前还是安全的。在过去几年中，费米曾有机会应聘很多国外的重要职位，其中包括埃尔温·薛定谔留下的苏黎世大学理论物理系主任的职位以及阿尔伯特·爱因斯坦任职的普林斯顿大学高等研究院。费米曾放弃了所有这些机会，他宁愿待在罗马的研究组。现在到了 1938 年，罗马的情况看来很不乐观，而且未来的情况将会更糟。费米对没有把握住那么好的机会感到后悔。但全家人觉得还是应该尽一切努力离开，可能还为时不晚。于是费米向曾经希望聘用他的 4 所美国大学写信，询问是否还有可能过去。

同时费米意识到，作为“费米阁下”，尽管他不赞同墨索里尼政府采取的政治方向，但他是一位备受意大利当局看重的人物，他的一举一动会受到极大关注。一位处在他那样地位的科学家如果逃离出国，将会极大地影响意大利的国际形象。因此费米一家对行动计划非常谨慎和保密。在一次去阿尔卑斯山的短期旅途中，费米发信给那 4 所美国大学，说他的情况已经改变，他现在很乐意接受他们提供的职位。为了增加安全性，防止被审查或可能产生的任何怀疑，他把这 4 封信投寄在 4 个不同城市的邮箱中，彼此相距好几英里。最终费米获得了哥伦比亚大学的职位，全家完成了整个秘密计划的实施。在早些时候，他们就计划全家在瑞士度一个长假；现在他们决定不回罗马了，直接移居美国。而此时一件意想不到的事情使情况变得复杂了。

1938 年的秋天，费米在哥本哈根玻尔研究所参加一个理论物理会议。在那里，玻尔把他拉到一边，小声对他说，费米的名字出现在那一年诺贝尔物理学奖的候选人名单上，虽然也有可能共享奖项——诺贝尔奖可能会同时授予两位或者三位物理学家。费米兴奋地回到罗马，心中充满期待，但同时又对他和家人如何能逃出意大利更加担忧。

11 月 10 日一大早，电话铃声响了。睡眼惺忪的劳拉听到：“这是来自斯德哥尔摩的电话，可以安排我们今天晚上 6 点钟和费米教授通电话吗？”期待中的一天终于过去了，再次打来的电话比约定时间稍有推迟，但他们高悬的心最终放了下来：恩里科·费米被授予 1938 年度唯一的诺贝尔物理学奖，以表彰他在中子方面的工作以及超铀元素的发现。正如诺贝尔物理授奖委员会主席在颁奖讲话中所总结的，费米得奖是由于“他证明了中子辐照能产生新的放射性元素，以及由慢中子核反应带来的相关发现”。后来证明，其实中子辐照产生的元素并不是费米小组曾经认为的那些。

费米一家决定从斯德哥尔摩逃亡美国。接受了诺贝尔奖后，费米带着他的妻子劳拉和他们的孩子随即搭船去了纽约。他们在离开意大利之前伪装成只是短暂时间去瑞典——只为参加诺贝尔颁奖仪式——而只有他们最亲密的朋友和家人知道他们真实的意图。其中一个朋友照看他们的公寓，使它从外面看起来一切正常。

瑞典，这个在第二次世界大战中保持中立的国家，是许多科学家从战火硝烟的土地逃离希特勒蹂躏途经的第一站。具有讽刺意味的是，玻尔——这个曾想尽一切办法留在他那被占领的家园等待战争结束的人，也被迫于 1942 年逃到瑞典，随后藏在一架军用飞机的货舱中到了英国，并从那里去了美国。在美国，他和费米共同见证了科学史上最伟大的一刻——它永远地改变了我们的地球。随着欧洲局势的恶化，那个曾经一度引以为豪的罗马物理团队的成员最终全部离开了意大利。埃米利奥·塞格雷去了伯克利，弗朗科·拉赛蒂搬到了加拿大。罗马这座意大利首都曾经的物理辉煌就此结束。

1938 年 12 月 10 日，费米在斯德哥尔摩接受诺贝尔物理学奖。颁奖仪式结束后，费米和他的家人短暂访问了哥本哈根的玻尔，然后从那里前往英国。在南安普敦，他们登上了去纽约的法兰克尼亚号轮船。不过，当费米在谈论可以通过辐射产生超铀元素的时候，柏林那边却得到了截然不同的、完全出乎意料的结果。

回到德国，奥托·哈恩决意要证明伊蕾娜·居里是错的。他雇用了弗里茨·斯特拉斯曼，一个优秀的青年化学家来帮助他。迈特纳不久前于 1938 年 7 月 12 日晚离开柏林前往荷兰边界，和她在一起的是一直非常敬重她的外甥奥托·弗里施（1904—1979），一个来自维也纳的年轻物理学家。这位年轻人跟随他著名的姨妈在柏林做研究。在边境，纳粹官员仅放行了弗里施一个人，却收走了迈特纳的奥地利护照。她呆坐在火车里，火车仍然在德国境内。

迈特纳一度处于恐慌中。约 10 分钟后，一个纳粹党卫军军官走进车厢，一言不发地把护照交还给了她；火车继续行驶，越过边界进入了荷兰。可是待在荷兰是不可能的，到处都是难民，荷兰边界对逃离的犹太人进行封锁，进入荷兰的人必须继续前往其他国家，即使是迈特纳那样的知名科学家也被拒之门外。她虽然人已经在荷兰，但还是被命令要立即前往第三国。于是姨妈和外甥二人去了哥本哈根，尼尔斯·玻尔邀请他们加入他的量子和原子物理团队。

在柏林，哈恩和斯特拉斯曼继续着他们的铀放射性实验。哈恩每天都要致函在哥本哈根的迈特纳，告知她实验的进展情况，征求她对结果解释的意见。哈恩确信自己能够证明费米是对的，居里是错的。可是，命运却安排了完全相反的事情。

迈特纳的外甥弗里施

（图片源自网络“维基百科”）

丹麦王室在物理研究上投入了巨资。除了资助玻尔研究所本身，它还向很多来自世界各地的、停留时间长短不一的物理学家发工资。这其中包括埃尔温·薛定谔、维尔纳·海森堡、保罗·狄拉克、沃尔夫冈·泡利，还有现在的奥托·弗里施。

弗里施进行着实验，想要支持他的姨妈、哈恩，以及斯特拉斯曼的工作。美国那边的光谱研究揭示了有两种铀的存在：一种的相对原子质量为 238，还有一种稀有同位素的相对原子质量为 235。较轻的这种铀是由亚瑟·登普斯特（1886—1950）在 1935 年发现的。这位加拿大物理学家当时在芝加哥大学工作，他在职业生涯中一直利用质谱仪技术寻找化学元素的稳定同位素。1938年，德国研究人员欧内斯特·尼尔的研究发现，铀-235同位素的确切占比为0.7%。弗里施也参加了这项研究，旨在进一步确定两种铀的性质。

尽管与这么多的顶尖研究人员在一起，迈特纳在哥本哈根还是觉得不舒服。她非常思念哈恩，怀念与他一起合作的日子。更重要的是，她眼见自己的外甥在大踏步前进，她不想在任何方面埋没他的成就。在物理研究方面，她已经是一位世界级领袖，而他的外甥却初出茅庐。于是她决定离开丹麦去瑞典。

迈特纳在离开德国时口袋里只有10马克。她仅穿着一件夏衣，几乎没有任何行李。接到哈恩通知她离境的消息后，纳粹随即没收了她的全部财产，包括她公寓里的每件物品，还冻结了她的银行账户和养老金。迈特纳陷入了绝望和沮丧。她身无分文，加上身处寒冷的北欧，她不得不向朋友借钱来用。使她得以安慰的是每日与哈恩的书信往来。但也经常传来有关她柏林财产的坏消息。她所有的实验报告和书籍都被没收，哈恩被禁止给她邮寄任何她的财物。她曾希望搬到英国，有些亲戚在那里避难。但是这个计划也没能实现。与荷兰一样，英国对难民也非常谨慎，严格限制难民的人数。

虽然像是一种不太热情的方式，莉泽·迈特纳最终还是得到了邀请，加入了瑞典最有影响的物理学家曼内·西格巴恩在斯德哥尔摩成立的研究所。可是在斯德哥尔摩，她仍然感到沮丧，对周围什么都不感兴趣。她唯一的兴趣还是和哈恩的通信。1938 年末的一天，哈恩向她报告了一个奇怪的发现。用中子轰击铀导致了钡的出现——这是一种类似于钙、原子序数为 56 的元素，质量约是铀元素的一半。因此，这些东西与费米报道的在他实验室里产生的超铀产物截然不同。然而他的这个结果却与伊蕾娜·约里奥-居里的结果相当一致，而这正是哈恩所希望证明是错的。哈恩对此非常不解，请教他这位身处远方的同事，让她帮助解释：反应中怎么会产生了钡（以及镧）？而迈特纳的回答揭开了核物理学那个世纪最重要的一幕，这个答案理应让她拿到诺贝尔奖。

8

1938年圣诞

科学发现是件非常微妙的事情。大自然的奥秘只允许那些思维开阔、又善于摆脱固有观念束缚的人来揭示。无限的想象力至关重要，艾萨克·牛顿和阿尔伯特·爱因斯坦是最好的例子。牛顿感知到一种无形的力量——引力，他懂得这种力量不仅让苹果落到地上，还能使月亮永久地朝着我们“落下”，因此围绕着地球转动。两个世纪后，爱因斯坦通过“想象实验”又推断出一个不可思议的事实，即时间本身不是恒定的，从而颠覆了一个人类自远古以来公认的常理。如果不是超级天才，谁能想象出这种有悖常理的真理？

1938年圣诞节，在瑞典边远地区的孔艾尔夫村庄外那条空无一人的雪道上，远离自己的家园、朋友和同事的莉泽·迈特纳在片刻之间萌发出一个革命性的想法。这个想法是如此震撼，又与公知截然相反，堪与爱因斯坦和牛顿的理论相媲美。当时每个研究放射性的科学家，在没有通过证明、只是依赖于不完整的数据的情况下，都认为铀原子在受到中子撞击后会产生更重的超铀元素。而此刻迈特纳意识到一个完全不一样的现实。她觉得自己突然间感知到了自然的内涵，继而发现了一个足以改变整个世界的真理。

圣诞节前的几天，她收到奥托·哈恩从柏林寄来的一封信。她打开信读了起来：

1938 年 12 月 19 日，周一晚上，实验室。

亲爱的莉泽！现在是晚上 11 点。斯特拉斯曼 11 点 45 分就要过来，这样我就可以回家了。其实，还有一些关于“镭同位素”的结果令人非常吃惊，所以现在我们只告诉你一个人。那 3 种同位素的半衰期已经确定得相当准确，我们可以将它们从除了钡以外所有的元素分离开。目前所有反应都和镭的表现一致，只有唯一的例外——除非是个极不寻常的巧合：分馏法得到的结果不对。镭同位素的表现在这里很像是钡。

哈恩讲的这个完全出乎意料的结果使用的是玛丽·居里发明的一种分析方法，称为分层结晶，就是哈恩在他的信中所说的“分馏法”。哈恩和斯特拉斯曼的做法是向核反应后含有中子和铀的溶剂里缓慢地添加溴（一种类似于氯的元素，但活性更强），并分成 4 个步骤进行。在每一步中，液体混合物形成一层结晶（因此称为分层结晶）。溶剂里有钡和镭，而这两种元素与溴的作用强度不同。

由于镭比钡的活性强（意味着产生作用更快），所以他们预期在沉淀溴晶体的第一步后（即第一层），底部的混合物里镭应该比钡多。在另外两层里，这种比例应该递减。但是结果令他们非常吃惊：像是钡的那些元素以相同的比例出现在所有的 4 个分层里，而且浓度都很高。与实验的假设相比，这完全无法解释。

所有从事铀研究的科学家都相信这种情况下会产生超铀元素，而绝对不能预料到像钡那种轻元素（从它的质量以及它的质子和电子量来看）会出现在这里。哈恩认为一定是自己的测量错了。再重复一次实验，仍旧得到相同的结果。无奈之中，他在 12 月 19 日写信给迈特纳。信的结尾是：

……所有都是非常复杂的实验！可我们必须理清思路。现在圣诞假期开始了，明天是一年一度的圣诞晚会。你可以想象这是我多么盼望的，特别是长时间没有你……所以请你再想想，是否还有其他可能性——也许是一种相对原子质量比 137 还大的钡同位素？如果你能提出任何观点并且能够发表的话，这将仍然作为我们 3 个人的工作！

哈恩的收尾句表达了当时的一种固有信念，即这种核反应只产生出比铀更重的东西。事实上，恩里科·费米刚刚获得了诺贝尔奖，部分原因是“找到”了比铀更重的元素。哈恩相信费米的发现，他感觉到他自己的实验结果如果确实是钡，那只能是反常的：没有人之前曾经遇到过这种怪异“动物”——它像是个相对原子质量超过铀的大同位素钡，而不是那种通常的、相对原子质量只有137的钡。

迈特纳可是个有真知灼见的人，她的思路可以超越那些科学常理的约束。迈特纳把哈恩的那封令人不安的信装在包里，去了和丹麦一水之隔的哥德堡北边的孔艾尔夫村。那里有一些朋友，迈特纳希望能在节日期间见到他们。

哈恩的信出现在迈特纳最艰难的时刻。自从搬到瑞典以后，她的情绪变得更加低落。生于1878年11月的她已在一个月之前进入60周岁，她突然感到自己老了。她在柏林凯撒威廉学院度过了30年，不仅仅是作为一个工作在实验室的女性，而为了被公认为一名优秀科学家，她一直在拼命奋斗。虽然她现在已经是原子物理学领域的权威，但她并不觉得满足，因为她还没有能让一个物理学家获得诺贝尔奖的工作成果。

正当她所在的柏林研究所——这个第二次世界大战前的世界科学中心——开始腾飞的时候，她却被排斥在外。纳粹主义迫使她离开她的工作、她的生活，离开她的生命中幸福和满足的唯一来源。迈特纳经过数十年的努力成了一位著名科学家，得到了应有的尊重和认可。而这一切才刚刚开始，她却在那一夜被迫离开柏林。她几乎没带任何个人物品——甚至没有足够的衣服来抵御北欧的严寒。一夜之间，迈特纳从一个名牌大学的顶尖科学家，变成了一个无家可归、无国籍的乞丐：一个难民。而这个新国家似乎不愿收留她。瑞典从来不是一个移民国家，它没有收容难民的设施——即使这个难民是一个著名物理学家。

在斯德哥尔摩的曼内·西格巴恩物理研究所，她的职业生涯又进入了死胡同。她发现那里只是个临时避难所。她只是被请来帮个忙，还是以一种不太友好的态度。没有了她柏林的实验室、她的实验以及她那么多年信任的同事，她感到非常失落。

绝望中，迈特纳写信给她在哥本哈根的外甥奥托·弗里施，问他是否能到孔艾尔夫来一趟看看她。弗里施高兴地应允了。自从她离开了哥本哈根以后，弗里施已经有好几个月没有看到他的姨妈了。他从她的信中也知道她情绪十分低落。他坐了两小时的火车从哥本哈根到了丹麦海岸，从那里乘渡轮到瑞典，然后继续搭火车来到了孔艾尔夫。

这是一次令人动容的重逢。弗里施抵达时已经是深夜，迈特纳在旅馆的房间里睡了。他不想把她吵醒，可是又非常期待看到她，因为他太思念她了。他还急于向她讲述他在玻尔物理研究所的一项新的辐射实验计划，希望听听他姨妈的意见。因为她是世界上在辐射方面最有经验的科学家之一，她的意见可能对他很有价值。弗里施一夜无眠，天一亮他就去了餐厅。他知道如果迈特纳读了他前一晚留在她门缝下面的纸条留言后，会下来吃早餐。在弗里施后来的回忆录中，他记述了迈特纳是怎样地沉浸在哈恩的那封信之中。

迈特纳似乎处于恍惚状态。“钡……”她不断地向弗里施重复着，“钡……我不相信它……”她一直不解的是带有137个相对原子质量的钡，它比铀轻了那么多，“怎么可能吞下铀原子核（铀的相对原子质量是238）的那100颗粒子？”她一边问道，一边用眼睛盯着弗里施，“钡？……”弗里施坐了下来与她一起吃早餐，也陷入了沉思。“也许是实验弄错了。”弗里施最后说。“不，绝不可能，”她回答说，“哈恩可是个最好的化学家。”

持怀疑态度需要理由。哈恩、斯特拉斯曼、约里奥-居里以及费米都是一流的物理学家。恰恰因为如此，其他人不敢有和这些人相矛盾的假设。当铀原子核遇到一个飞过来的自由中子后，可能形成比铀还轻的元素的这种想法，在众多早被接受的物理观念面前显得苍白无力。这里的绊脚石是能量的假设。

那些从核反应出来的、实际上已经观察到的只有很轻的粒子：质子、中子、电子和氦核（α 粒子）——所有这些粒子都比钡原子核小很多。如果钡是反应产物的话，那么只可能是铀原子核被打碎了。不少物理学家做过计算，打碎一个原子核需要巨大的能量。要接受钡产生于铀与中子相互作用这个事实，就好似承认从鸡蛋里孵出了一群恐龙。这是非常奇怪的、出乎意料的，似乎是根本不可能的。可是比起任何现行的物理学理论，迈特纳更相信化学家哈恩的能力。她不会放过这个已经得到的实验结果。

弗里施随身带有他的雪橇。这次来瑞典乡村的旅行对他来说也是个户外运动，他不想错过这个好机会。早餐后，他建议迈特纳一起到外面去。他说，或许她可以租个雪橇。“不，不，”她坚持说，“我走路可以和你滑雪一样快。”他笑着接受了这个挑战。他们离开旅馆，沿着西边方向的雪道朝着一片树林行进。事实上，迈特纳并没有让他失望——她始终能够跟上她外甥的步伐，很好地保持着距离。他们一边肩并肩地走着，一边继续讨论哈恩那些令人费解的结果。

当时有两种理论来描述原子和处在原子中心的原子核。一个是欧内斯特·卢瑟福的理论，将原子视为一个实心球，里面有一个小的刚性实体——原子核。还可以根据玻尔的一个更新的、但具争议性的模型，认为原子是软的、可变的，它中心的核像个水滴：其表面张力使原子核结合在一起，但它在某种程度上可以改变形状，有点像一个水滴那样。当受到如中子那样小的粒子撞击时，这两种理论似乎都不可能将一个原子分裂成两块相等的碎片，因为那样的话，所需要的能量将是巨大的。

迈特纳在雪道上快速地行走，弗里施滑着雪橇伴随着她。他们讨论着这些模型，看看是否能解释哈恩报告里的奇怪行为。后来他们停了下来，坐在路边的一棵倒落的枯树上休息，欣赏着那宁静美丽的周边环境。冰雪覆盖的树林给了他们一个安静的场所来探讨深藏着的谜。休息了片刻后，迈特纳从口袋里掏出一支铅笔和一些纸。她知道卢瑟福的模型不行——它没有办法让一个坚固的铀原子核分裂成钡那样大小的东西。但是她认为玻尔模型有希望——但只有证明了一般的能量计算（基于所假设的核结合相互作用力）是错的才行。她仔细地画出了一个水滴，表示在玻尔假设下的铀原子核，然后描绘出一个萎缩图像，其形状从一个圆球体变成一个拉长的椭球形；然后她画出像弹簧那样的扩张，最后分裂成两个较小的水滴。这幅画从视觉上描绘了分裂中的原子。现在她需要证明其满足能量要求。

迈特纳不仅有出色的物理思想，也有惊人的记忆力。她回顾了用于计算结合铀原子核相互作用力的完整复杂的公式。她根据图示把公式写了下来，开始整合公式中的各项，拟合她那些关于原子的新的假设条件——一旦原子核的形状改变了，这些力要有所反应（这些是科学家们以前没有考虑到的），并根据这些求得分裂一个铀原子核所需要的能量。弗里施后来回顾道："我们发现，铀原子核的电荷量确实很大，几乎足以完全克服表面张力的影响；以至于铀原子核的确可能成为一个很不稳定的水滴。一旦受到一点点的外部挑衅行为时，例如遭受一个中子的撞击，它就会产生分裂。"

迈特纳接着用她的公式来计算能量。她计算了当把一个铀原子分裂成两个较小的原子，每个大约是原始大小的一半的时候，会导致相当于五分之一质子质量的损失。利用爱因斯坦的方程 $E = mc^2$，失去的质量将转换成能量，她算出能量等于 200 兆电子伏特。释放了这 200 兆电子伏特的能量后，刚好可以让这两个新生成的原子核独立存在。霎时间，所有的拼图板块都严丝合缝了。他们俩被这个结论惊呆了。两人在倒下的枯树上坐了很长时间，盯着那令人难以置信的计算结果。她运用数学最终解开了这个谜。

弗里施和迈特纳起身继续沿着雪道行走，她还试图跑上几步。她忽然停了下来，叫道："玻尔是对的！要实现这个过程，原子不能硬，它必须像个液滴一样。"这一结论根据画出的草图以及她的计算最终解释了从铀产生钡的现象，和哈恩所有的实验结果相一致。随后，姨妈和外甥去和她的朋友一起享受了一顿圣诞大餐。他们决定把讨论结果合作写成一篇科学论文。他们将在斯德哥尔摩和哥本哈根之间用长途电话继续讨论——或许这是历史上第一次长时间的科学电话会议。

两天后，弗里施"在极大的兴奋之中"返回哥本哈根，这是据他后来的描述。他急于刊登出版他们的结果，但在此之前，要把这些结果通报给即将去美国的玻尔。在船离开港口驶向纽约之前，玻尔只有片刻时间和弗里施会面。弗里施后来描述道，当他向玻尔说了莉泽·迈特纳和他的这个结果后，玻尔"用手猛击自己的额头，大声说，'哦，我们大家一直都是白痴！不过这真是精彩！应该就是这样的！你和莉泽·迈特纳写出论文了吗？’‘还没呢，’我说，‘我们马上写。’玻尔承诺不会在文章发表之前透露结果。然后他就赶着上船去了。”

弗里施随后走到研究所的一个实验室，有个美国生物学家在那儿。“请教一下，你们把一个细胞分成两个这种过程叫什么？”他问这个美国人。“裂变。”他回答说。“好的，”弗里施说，“我姨妈和我刚刚发现了原子核的裂变。”弗里施在那一天发明的这个词用在了他与迈特纳的联名论文里，5 周后刊登在了《自然》杂志上。核裂变是利用铀燃料最终实现原子弹爆炸以及和平利用核能的物理机制。在弗里施的辅助下，迈特纳利用所有她先前的以及哈恩和斯特拉斯曼的结果，推导出了在中子轰击的极端环境下铀的这种重要行为。

核裂变之所以成为可能，是由于原子内部深处的原子核里的粒子不停地进行着错综复杂的、又非常微妙的舞蹈。正如我们所知，在一个中性原子里（而不是带电的离子），原子核含有原子中正电的部分，即质子，在其数量上等于围绕原子核轨道上的电子。虽然当彼此距离非常短时，核力占主导，但是质子“不喜欢彼此”，一个总对另一个施加一种排斥电力。中子存在于比氢重的所有原子的核中（氢只有一个质子，因此没有什么可排斥的），这些中子可以缓和同性电荷的排斥效应，其作用像是质子之间的一种缓冲剂。事实上，中子在很多方面很像质子，但是被“中性化”了的，不携带具有排斥作用的正电荷。

原子核的中子和质子由核力聚在一起，在迈特纳和弗里施看来就像一个水滴的表面张力行为。但随着原子核的重量和体积变大，核内的排斥力变大，大到几乎不能容忍；当接近铀原子大小时，原子核变得非常不稳定，从而维系原子核的凝聚力变得相当微弱。

如同莉泽·迈特纳想象的那样，铀原子核是个不稳定的液滴，以至于当受到另一个中子（核里面的中子已经太多了！）撞击时，冲击带来的影响和中子的吸收强于铀原子核的凝聚力，此时铀原子核会裂成两半。当这种情况发生时，按照爱因斯坦著名的公式 $E = mc^2$，很小的一些质量转化成了大量的能量。这是由于 c 是光的速度，是个很大的数，而它的平方更大。由此我们看到小的质量损失可以导致一种巨大的能量释放。科学家们随后要问的是：铀裂变这种反应能否在大量的铀原子中持续不断地发生？

伊蕾娜·约里奥-居里看到迈特纳、弗里施、哈恩和斯特拉斯曼发表在物理学杂志上的结果后，产生了一种被远远甩在后面的感觉。她曾经发现过镧是铀中子轰击后的产物，这应该使她想到裂变——在某种程度上，她其实早已在她自己的实验中观察到了。而现在这个极其重大的发现属于她的竞争对手——那些试图怀疑她的结果的一伙人。她后悔在发现镧的实验中，她的丈夫没有与她合作。若他们在一起合作，或许也能发现对裂变的解释。伊蕾娜·约里奥-居里，一个平时非常含蓄礼貌的人，当她把弗里施-迈特纳的那篇文章给她丈夫的时候，却爆发了："我们简直是蠢猪！"她尖叫道。

也许是命运的安排，探索进程的下一步将由恩里科·费米来完成。在迈特纳和约里奥-居里团队发现了比铀小的元素，而没有发现那个被费米认为曾经看到的超铀结果之后，实际上费米已经被证明是错了。

在整个战争时期，迈特纳都滞留在瑞典，直到 1947 年被邀请回柏林恢复她的职位。可是尽管哈恩和斯特拉斯曼反复游说，她还是谢绝了。迈特纳同意访问德国，但后来移居英格兰。她住在剑桥，离她那个在战后同样移居英国的外甥不远。她从未被授予诺贝尔奖，而哈恩、伊蕾娜·居里和费米这些人都获了奖。这是反犹太主义吗？是对妇女的歧视，还是因为她没有任何国籍？

1946 年迈特纳在美国演讲

（图片源自网络"维基百科"）

虽然她从没有得到过社会赋予一个科学家的最高奖项，但物理学界对莉泽·迈特纳的伟大贡献高度认可。在 20 世纪 60 年代初的一次物理会议上，当时已是 80 多岁的迈特纳和哈恩获大会表彰。当和她的老搭档一起走向主席台时，迈特纳回身对着哈恩，用德语低声说："走起来，老伙计，别让他们以为我们不行了！"

迈特纳在英国的墓碑（图片源自网络"维基百科"）

注：她的外甥弗里施在上面写道：莉泽·迈特纳，一位从未失去博爱的物理学家。

9 海森堡其人

维尔纳·海森堡（1901—1976）是20世纪最重要的物理学家之一。然而，他不仅是创建量子理论的一位重要人物，还在纳粹的原子弹计划中扮演过关键角色。

恩里科·费米和维尔纳·海森堡同岁——都是1901年出生，一个生在意大利的罗马，一个生在德国的维尔茨堡。海森堡是个正统德国人，其家族史可以追溯到18世纪初。他的父亲奥古斯特·海森堡来自威斯特法伦州，是一名教希腊文、拉丁文和比较文学的高中老师。1909年，奥古斯特·海森堡在慕尼黑大学谋到了一个教职，讲授中世纪希腊史和拜占庭历史，于是海森堡全家搬到了慕尼黑。在他的整个一生中，维尔纳·海森堡都深深地爱着这座位于德国南部巴伐利亚州的城市。年轻的海森堡就读于皇家马西米兰高中，学校的老师们总是夸奖他成绩优秀、具有天赋和抱负。

青少年时代的维尔纳对数学有着极高的天赋和兴趣。他在十二三岁的时候就学会了微积分，在数学上甚至能帮助他的哥哥。他对数学非常着迷，总让父亲从大学图书馆给他带数学书来。而父亲奥古斯特对数学基本上一无所知，他只能把他能找到的书都带给儿子。不过他更愿意找那些用拉丁语写的数学书，因为拉丁语是他自己的专业，他希望儿子至少能把拉丁语学得像数学一样好。

奥古斯特·海森堡在第一次世界大战中曾服过役，受伤后在 1916 年回到家乡。当父亲伤愈返回大学任教后，维尔纳请求他带回更多的数学书。一次偶然的机会，父亲给儿子拿来了利奥波德·克罗内克关于数论的博士论文，是用拉丁文写的，不料这激发了维尔纳对数论的兴趣。他写了一篇在这个领域很重要的关于佩尔方程的论文。虽然他的这次投稿最终没有被接受，但维尔纳仍然对数学抱有极大的兴趣，特别是对数论。他对数学是如此之擅长，以至于在 16 岁的时候，他甚至能辅导一位化学研究生的微积分，而这位研究生需要在数学课考试通过后才有资格攻读博士学位。

虽然维尔纳就读的学校偏重古典文学，可是他遇到一位很好的数学老师。这位老师发现了维尔纳的才华，就让他解决一个物理问题，是光在水中衍射的问题。海森堡试图利用椭圆函数从数学上解决这个问题，并且写了一篇没有发表的长文。这项研究显然超出了老师的水平，因为维尔纳后来回忆道：“可惜老师说不出它是正确的还是错误的，因为他不懂椭圆函数。但他是一位好老师，他确实帮了我很多。”

海森堡很着迷纯数学问题，其中包括著名的费马大定理，他试着去证明，但没有成功。后来有人给了他一本赫尔曼·外尔的关于爱因斯坦相对论的书。他读了这本书，试图理解其中的特殊数学工具——洛伦兹变换。然而他不认为物理是一门学问，更使他着迷的是物理背后的数学。他的这种兴趣影响着一个物理学家的思维，因为这使得他会像爱因斯坦那样利用非常复杂的数学来理解那些看似不可能理解的理论物理问题。

1918 年初，海森堡被指派去做辅助军事服务，到一个部队编制的农场劳动。他每天要从早晨三点半开始，劳作一整天，到了晚上就精疲力竭了。不过他依然认为在农场的这段时间是个很好的经历，使他在身体方面得到了锻炼。1918 年 11 月战争结束后，他回到了高中，利用课外时间阅读他所崇拜的康德、柏拉图还有许多其他哲学家的书。多年后当他成为一位顶尖物理学家之后，他告诉别人他第一次知道原子的概念来自柏拉图的《蒂迈欧篇》一书。

高中毕业时，海森堡在数学考试中表现超卓，被慕尼黑大学录取攻读纯数学。他去听知名教授费迪南·林德曼的课时，教授对海森堡做出了“已经知道得太多了”，因此在数学上“无从可学了”这种不友好的、愚蠢的评论。同在这所大学任教的海森堡的父亲听到这种评论后，劝告儿子去听著名理论物理学家阿诺德·索末菲的课。索末菲曾推广了尼尔斯·玻尔关于原子的最初思想，将其发展成为今天人们熟知的玻尔-索末菲原子模型。

索末菲很快就意识到他遇到了一位绝顶聪明的学生。在海森堡就读大学的第一学期，索末菲就给了海森堡一个尚未解决的物理难题：反常塞曼效应。这是以荷兰物理学家彼得·塞曼的名字命名的一种磁场中谱线分裂的效应。对这一问题，海森堡在两周之内就有了进展，这使得教授非常惊讶。不同于那些守旧的物理学家们常用的“经典思维”，海森堡用量子力学思考，很容易地就抓住了问题所在。量子力学是两种新理论中的一个（另一个是爱因斯坦的相对论）。从用“新物理”研究问题起步，他在几年之间就成为伟大的量子理论先驱之一。

另一名大学物理系的同学沃尔夫冈·泡利也对量子理论有重大贡献，他成了海森堡的好友。年轻的海森堡并没有把他关于塞曼效应的研究作为博士论文，因为他觉得自己在大学的时间还很短，在承担如此重要的研究课题之前还有很长的路要走。若干年后，他把这个课题用于在哥廷根大学开的讲座里。

1922 年 6 月，德国著名的哥廷根大学举办“玻尔节”，由尼尔斯·玻尔举办为期一周的系列讲座。玻尔的演讲吸引了慕名而来的物理学家们，其中包括已成为汉堡大学教授的泡利，还有索末菲和他的学生海森堡。在其中的一次报告中，海森堡质疑玻尔的一些观点，并引发了激烈的争论。当时的一位与会者弗里德里希·洪德后来回忆道：“每个人的眼睛都关注着这个来自慕尼黑的金发碧眼的年轻人，大家都吃惊地盯着看他。”

然而玻尔并没有感到被冒犯而有任何不安，恰恰相反，他发现了一个具有敏锐的头脑、真正理解量子理论的年轻人。他的水平超越了听众席中的所有人（后来的历史证明，泡利除外）。玻尔邀请这位年轻学生去哥廷根郊外的海恩山散步。两个人在一起，边走边谈了几个小时。海森堡后来描述道：“我们漫步在树木繁茂的海恩山中，彼此间就现代原子理论的基本物理及哲学问题展开了第一次长谈，使我终生难忘。这对我的科学生涯具有决定性的影响。”这也是他们终生友谊的开始。海森堡被这位原子理论的创始人深深吸引。而玻尔后来则告诉他的朋友说，他惊叹“这个年轻人似乎明白一切”。两人相约很快再次见面。

在索末菲去威斯康星州讲课的一个学期里，海森堡在哥廷根跟随马克斯·波恩工作了一段时间。当索末菲回来时，海森堡已经在慕尼黑完成了他关于湍流的博士论文，是一篇一些人认为很好、另一些人觉得比较一般的论文。接着他在哥廷根和波恩一起度过了又一个学期，报告了他第一学期在慕尼黑大学研究的塞曼效应课题。

1924 年 9 月，海森堡离开哥廷根去了哥本哈根的玻尔研究所，和玻尔一起工作。在那里，海森堡开始了他对量子理论的重要贡献——构造矩阵力学。这项于 1925 年 7 月完成的工作可以用来计算原子的稳定态。沃尔夫冈·泡利用这个新方法计算了氢原子的状态。和爱因斯坦的相对论一样，量子力学正逐步成为20世纪物理学中的重要理论，而24岁的海森堡已成为其中的关键人物之一。

关于海森堡的成就，需要提到的是他在1927年发现的原子物理学中的一个重要概念，即无论仪器的精度有多高，粒子的动量和位置不能同时被精确测定。如果其中一个量被精确测定了，另一个量必然含有不确定性。这就是后来广为人知的海森堡不确定性原理。海森堡认为这是微观世界中所有原子、分子、电子、质子、中子以及其他微观粒子的基本行为。

那时在哥廷根大学物理系唯一的话题就是新量子理论，那里的人都非常痴迷于它。物理系的学生和博士后每天都光顾当地的一家酒吧，可老板娘禁止他们前来，除非他们保证不对量子理论高谈阔论而干扰其他顾客。海森堡经常下棋。慕尼黑的那位传统的德国学术大师索末菲老教授曾经告诫他这是在浪费时间。作为一个年轻人，海森堡也常去哈尔茨山脉滑雪，还用做物理实验用的秒表计时。他曾有滑雪速度接近50英里每小时的纪录。

海森堡在1926年5月回到了哥本哈根，和年长他15岁的物理界偶像玻尔一起工作。据说，海森堡和玻尔之间的复杂关系是20世纪物理学史的一个中心话题。也正是在哥本哈根，海森堡推导出了不确定性原理，并和玻尔有过无数次讨论。他们常常从研究所的上班时间开始，晚饭后在玻尔家里边喝边聊，直到午夜才结束。量子理论的“哥本哈根诠释”因而诞生。两人创建的理论打破了旧观念的因果关系和连续性，提高了科学认识自然的准确程度。可是他们之间的谈话往往是那种争论不休的，二人常常吵得疲惫不堪。1927 年 2 月，玻尔独自一人离开哥本哈根去挪威滑雪，没有带着他这位年轻同事。海森堡琢磨着，这是因为他们之间无休止的争论已经把玻尔弄得精疲力竭了。当玻尔在 3 月中旬回来的时候，辩论停止了，而对物理世界新的理解却诞生了。

在那之前的一年即 1926 年，奥地利物理学家埃尔温·薛

1927 年索尔维会议（图片源自网络“维基百科”）

注：后排右起第三人为海森堡。

定谔（1887—1961）发展了另外一种描述量子理论的方法，也就是用他的名字命名的波动方程。薛定谔证明，在特定条件下粒子就像波一样，粒子的行为可以像波在弦上振动那样来分析。求解薛定谔方程得到的数学解与实验观测一致。这是另一种同样有效的量子力学求解方法，而且计算往往更简单。这种方法完全可以和海森堡的矩阵方法相媲美。1927 年 9 月，量子物理学家，包括玻尔、海森堡、费米、薛定谔和泡利，聚集在瑞士-意大利边界的科摩湖畔开会讨论量子物理。接着，他们其中的大部分人又去了布鲁塞尔参加随后的索尔维会议。

1933 年在莱比锡大学任教授的海森堡
（图片源自网络“维基百科”）

不久之后，海森堡受聘担任莱比锡大学的理论物理学教授。他不是特别喜欢这个工作，可是他不得不在那里任教。不过在短短几年之内，他创建了物理系，接纳了许多优秀的年轻物理学家，以及逗留时间长短不一的许多国外来访者。这些人包括艾托里·马约拉纳，还有费米在罗马研究组的成员以及来自哥本哈根、哥廷根和苏黎世的物理学家。海森堡赢得了 1932 年诺贝尔物理学奖，以表彰他在量子力学方面的工作。他的获奖是与薛定谔和英国物理学家保罗·狄拉克（1902—1984）共获的 1933 年诺贝尔物理学奖同时宣布的。

1933 年，希特勒在德国上台，紧接着，大学的环境开始恶化。希特勒开始迫害犹太科学家，在很短的时间内，莱比锡大学物理系——在德国其他地方也是一样——开始清洗犹太物理学家。这些人或者丢了饭碗而不得不迁往其他国家，或者继续遭受迫害导致失业。那一年，海森堡拒绝参加纳粹在莱比锡的集会，因此被亲纳粹的人选定为攻击对象。这些人认定理论物理是一种“犹太科学”。海森堡为自己辩护，与其他 75 位教授一起签字上书，宣传新物理理论，反对将科学政治化。他经常前去哥本哈根拜访玻尔，从而得以逃离德国那种令人窒息的环境。1936 年初，他开始讲授原子核理论课程。

海森堡与玻尔、泡利在一起（大约 1935 年）
（图片源自网络“维基百科”）

长期以来，试图理解海森堡对待纳粹主义和战争的立场大都基于猜测。从他的信件和书录中人们知道他对当时发生在德国的事件十分不安。1937 年 1 月 11 日，他在玻尔去日本旅行之前写信给他说："在你回来的时候，世界的局势可能会发生很大变化，所以我几乎不敢在几周之前做出任何计划。"

就在那时，35 岁的海森堡在一位朋友家的音乐活动中遇见了比他年轻 13 岁的伊丽莎白·舒马赫。两人在一起很投缘，经常是海森堡弹钢琴舒马赫唱歌。几个月后，他们结婚了。一年以后他们生了双胞胎，接着第三个孩子也出生了。

在大学内部，纳粹分子对海森堡的攻击还在继续。他被指控与犹太人厮混，其实依据最早的希特勒反犹太主义法律以及随之而来的种种迫害，犹太人早已都被驱逐出大学。其他荒谬的指责则围绕着海森堡的诺贝尔奖，诸如诺贝尔委员会是受"犹太人的影响"，他与"爱因斯坦的学生"薛定谔和狄拉克一起获诺贝尔奖（当然这并不是真的：薛定谔和狄拉克既没有跟爱因斯坦学习过，也不是犹太人）。新闻中那些用语反映了德国人对犹太人的刻骨仇恨，认为犹太人"持续影响"了德国的生活和科学。

对海森堡的最恶毒攻击发表在由纳粹党卫军控制的报纸上，这使他开始感到他的职业生涯受到严重影响。他甚至感觉到一种迫使他辞职并离开德国的压力。这种情况真实体现了纳粹主义崛起之后德国国家的一种疯狂。其实海森堡生就一副雅利安人的外表——金色的头发、蓝眼睛、白皙的皮肤——再加上他的家庭背景，纳粹很难找到任何人比海森堡更“德国”。海森堡应该是德国最引以为豪的人，因为他取得的巨大科学成就给德国带来了无上的荣誉，他年仅 31 岁就获得了诺贝尔奖。可是在遭受希特勒的清洗之前，大多数在德国的理论物理学家都是犹太人，所以纳粹认为海森堡和这些人都是一伙的。

随着名字被抹黑、声誉被毁坏，海森堡决定不能坐以待毙。他意外地获知自己的祖父曾与纳粹党卫军头目海因里希·希姆莱的家族是世交。于是海森堡给希姆莱写了封信，控诉所遭受的人身攻击。整整一年以后，1938 年 7 月 21 日，希姆莱回复说他已经研究了海森堡的背景。考虑到海森堡的家族身世，他认为所有的指控都是无效的，并表示今后他会阻止任何对海森堡的辱骂。海森堡的名誉最终被恢复了，很可能这些起到了一定作用，这使海森堡坚定不移地决定留在德国。因为在接下来的几个月里，世界就陷入了无情的战争之中。海森堡声称他有一个年轻的家庭，因此他想留下来。

1938 年底，柏林的哈恩和斯特拉斯曼突破性地发现了核裂变，而在斯堪的纳维亚的迈特纳和弗里施对此发现给出了解释。这个消息不仅很快传到了德国物理学界，同时也传到了德国军方。纳粹早在 1938 年春就已经获悉使用铀来制造炸弹的可能性。那一年的 5 月 30 日，来自军队武器研究部门的两个人找到了年轻的物理学家埃里希·巴格，他是海森堡在莱比锡大学的一位助理，曾经讲授过氘——用于产生重水的一种氢的同位素，在核物理学中可起到中子调剂作用。

他们问巴格是否愿意与他们谈谈“核过程”，或许接受他们提供的工作机会。巴格谢绝了。不久，德国陆军部考虑争取钓一条更大的鱼：海森堡。果然不到一年，军备办公室在柏林招募到了海森堡，这位对实验问题既没有兴趣也没有经验的理论物理学家。纳粹当局希望海森堡能够驾驭存储在原子核里面的能量，为他们造出原子弹。

10

链式反应

尽管海上常常起浪，费米一家还是搭乘着法兰克尼亚号经历了一次横穿大西洋的愉快旅途。一家人于 1939 年 1 月抵达纽约，下榻在离哥伦比亚大学不远的皇冠酒店。后来他们先是住在大学附近的一所小公寓里，然后又搬到新泽西州里欧尼亚的一处房子。这所房子有个花园，据说费米并不喜欢照料它。不过传说他在决定如何利用这个花园之前，就已经搭上了他的许多诺贝尔奖奖金。在美国定居并不容易，通常有语言、生活方式、生活态度和生活习惯等方面的困难。可是比起在短短不到一年内欧洲发生的那段可怕历史，这些困难都显得微不足道。

抵达纽约后，费米随即开始了他在哥伦比亚大学的工作。就在费米一家离开欧洲不久，尼尔斯 · 玻尔（在和奥托 · 弗里施讨论了关于迈特纳-弗里施的结果之后）从哥本哈根启程访问美国，于 1939 年 1 月 16 日抵达纽约。船在港湾即将停靠的时候，他看到在码头上等待他的费米。费米上前一把抓住了他，完全不顾玻尔可能还有其他安排，马上把他带到哥伦比亚大学的实验室。就在那一天，在哥本哈根，奥托·弗里施往《自然》杂志投送了两篇他和他的姨妈莉泽·迈特纳的论文，是关于利用玻尔的原子模型去解释铀原子核是如何分裂的。

结合自己的研究结果，费米知道这是个非同寻常的理论发现。他急于让玻尔和他一起在他的哥伦比亚大学实验室开始观察裂变过程的重要实验。实验在哥伦比亚的回旋加速器（一种圆形的粒子加速器，利用强大的电磁场把带电粒子——例如电子或质子——加速至很高速度，然后让它们去撞击其他粒子）进行。他们先用回旋加速器加速质子，然后用质子轰击铀。质子几乎等同于中子，但带有正电荷。连接在一起的示波器（一种带有屏幕的信号显示设备）用来检测裂变。实验开始后不久，示波器的峰值就出现了正常显示，大约每一分钟 1 次，表示检测到一个铀原子分裂。这是多么令人兴奋：人类首次从实验上观测到了裂变！

当这些结果出现的时候，现场只有一名叫赫伯特·安德森的研究生。安德森对这些重要结果认真地做了记录。而此时，费米和玻尔则去了华盛顿的哥伦比亚特区参加一个物理会议。在那里他们遇见了玻尔的学生约翰·阿奇博尔德·惠勒（1911—2008），一位在普林斯顿大学工作的美国物理学家。回到纽约后，3 个人一起沿着迈特纳-弗里施的思路，解释了裂变过程中被轰击的铀原子核的分裂过程，并推导了实验背后的理论。这是跨越两大洲的许多科学家经过多少年努力后的研究成果！守信于他的欧洲同行，玻尔坚持在弗里施和迈特纳的文章于《自然》上正式发表之前不宣布他与费米和惠勒的结果。

在哥伦比亚大学，利奥·西拉德（1898—1964）参加了玻尔、惠勒和费米的讨论。西拉德曾与迈特纳一起工作过，是一位匈牙利裔移民，也是后来的诺贝尔奖获得者。在一次哥伦比亚大学教师俱乐部的晚饭餐桌上，他们讨论了玻尔刚刚在普林斯顿大学发表演讲时提出的想法：如果铀原子核吸收一个中子后在核裂变过程中分裂，是否在这个过程中产生其他中子？如果答案是肯定的，那么可能导致由这些新的中子所诱发的铀裂变连锁反应。

这个假设符合逻辑。因为铀原子包含 146 个中子和 92 个质子，一旦一个铀原子核受到一个中子的撞击（而发生核解体），它将一分为二。可是铀原子核中有这么多的中子，因此有理由认为，当铀解体时，一些中子同时也被猛烈地释放出来。

如果确定是这种情况，这些裂变产生的中子将会接着撞击其他铀核，诱发新的裂变，释放出来的中子再撞击其他铀原子核。如此反复下去，将发生连锁反应。正如爱因斯坦的著名方程所指出的，核反应能够释放能量，因此只要有足够的铀原子产生更多的中子去撞击其他铀原子，可以想象人们将能够建造一台自我维持的永动机。一旦有大量的铀参与形成一个临界质量——这可以通过复杂的计算来确定——反应的结果将是一次巨大的爆炸。而如果把适度的铀放在一起，则能以可控的方式持续不断地产生大量能量而不会发生爆炸。

如果链式反应真的能够实现，则建立核反应堆和制造原子弹都将成为现实。西拉德告诉他的同事们，这种连锁反应的可行性是他考虑了多年的东西。这个关键问题接下来将由费米的研究来回答。

利奥·西拉德有自己崇高的人生目标。他深信自己生来就是一位拯救世界的科学家。他的科学生涯一直很顺利，只是由于动荡时代不得不中断。1938 年他移居到了美国，曾敦促美国政府赶在德国人之前造出原子弹。

18 岁的西拉德（图片源自网络“维基百科”）

据西拉德自己回忆，他的这种正直和道德源自小时候他母亲在布达佩斯对他的教育，其中有他祖父的故事。1848 年的匈牙利革命时期，他祖父是个高中生。学校每天选出一名学生等着老师到来，然后上交一份报告给老师，记录同班同学的不当行为，这些人就会受到惩罚。这一天轮到西拉德的祖父。当天因为革命运动，大街上发生许多骚乱，西拉德的祖父和很多学生的确离开过教室去参加暴乱队伍。后来，西拉德的祖父就如实交给了老师一份上街学生名单，其中也写有他自己的名字。

在第一次世界大战中，西拉德曾在奥匈军队服役，在前线爆发的西班牙流感中他逃过了一死。之后西拉德去了柏林，跟随著名的马克斯·冯·劳厄学习物理。他曾写了一篇关于热力学的论文，受到过爱因斯坦的赞赏。

1933 年，当西拉德在柏林做学术研究时，希特勒上台执政。不像在德国的其他一些犹太学者，西拉德知道情况不妙，就早早收拾好了行李。于是当局势一有恶化，他就逃到了英国。1933 年 9 月 11 日，《自然》杂志刊登了欧内斯特·卢瑟福在英国科学进步协会上的讲话："……我告诫那些想从原子嬗变中寻求能源的人，所有这种期盼只是一缕微弱的月光。"

西拉德对卢瑟福的这种说法感到很奇怪，他试图从反面思考。一天他走在伦敦街头，在交通灯前停下来等着过马路。他突然意识到："如果我们能找到这样一种元素，它每吸收一个中子就会发生裂变，同时会发射出两个中子。如果能聚集许多这种元素以形成足够大的质量，则可以维持原子核连锁反应。"

这确实是西拉德关于链式反应的设想，是在费米、迈特纳、哈恩和斯特拉斯曼等人的实际实验之前的纯理论思考。可是西拉德并没有给出更详细的阐述，也没有发表过任何论文。如他后来所说，能通过这样一种连锁反应的方式来释放能量，用于发电或制造炸弹的想法“让我感到如此痴迷”。

他甚至更进了一步，猜测铍可能就是这种元素。如果铍经过了核裂变释放的中子比吸收的中子多，链式反应就可以维持。当然，几年后迈特纳-哈恩-斯特拉斯曼的发现表明，并不是铍发生了裂变，铍只是核反应的产物。可是不管怎样，西拉德表现出思考上的超前和道义上的谨慎——根据他的回忆——由于惧怕诞生核武器的可能性，西拉德在1934年就向英国海军部提交了一项链式反应专利申请（英国专利号440023，申请日期为1934年3月12日；以及专利号630726，申请日期为1934年6月28日）。

所以，远早于链式反应过程在理论上或是在实验室中被证实，英国已有了相关的专利申请。

科学研究有时会并驾齐驱，不同地域的人有时会得出相同的结论，发生在1939年初的事就是个例子。不仅在纽约的费米、玻尔、惠勒和西拉德提出了铀裂变链式反应的可能性，在巴黎的伊蕾娜·约里奥-居里和她的丈夫弗雷德里克·约里奥也萌发了同样的想法。一些科学家很担心，一旦在纳粹掌控下德国的奥托·哈恩也明白了这一点，纳粹可能会胁迫他用链式反应的思路来制造原子弹。

利奥·西拉德离开了纽约的研究组前往普林斯顿大学，爱因斯坦当时在那里的高等研究院工作。正是爱因斯坦的方程 $E = mc^2$ 为链式反应释放能量提供了理论依据。爱因斯坦，这位世界上最知名的科学家，于 1932 年移民到了美国。西拉德与爱因斯坦就哥伦比亚的实验展开了讨论，爱因斯坦赞同链式反应的可能性。西拉德趁机敦促爱因斯坦写了那封著名的信给罗斯福总统，警告总统说纳粹有可能研制出这种终极武器，因此总统需要做出决断使美国能抢在前面。1939 年 8 月 2 日，爱因斯坦写下了那封信，致使两年后美国启动了“曼哈顿计划”。

在大西洋彼岸，英国的铀裂变过程研究工作进展迅速。1940 年初，奥托·弗里施和鲁道夫·佩尔斯在伯明翰大学开始研究一个问题，即制作一颗原子弹需要多少铀-235。

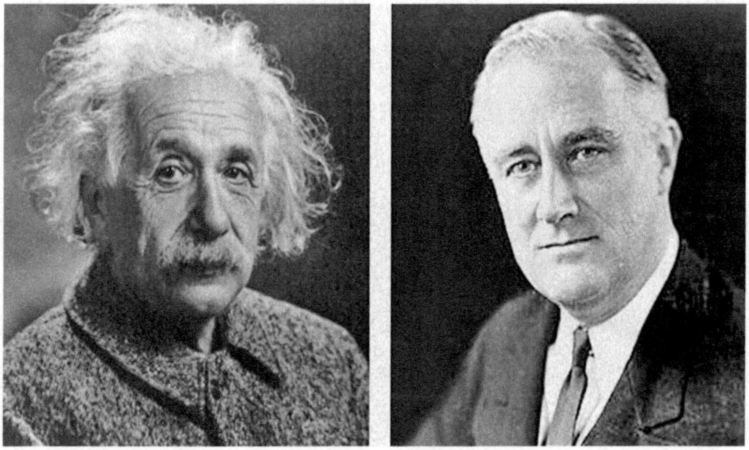

爱因斯坦、罗斯福总统（图片源自网络“维基百科”）

佩尔斯是德国人，是索末菲的一名学生。他曾获得过洛克菲勒基金会的资助而与恩里科·费米在罗马一起工作。在罗马期间，他曾得到汉堡大学的一个工作机会。这是个教授的入门职位，因此很有吸引力。可那时是希特勒掌权的前夕，德国的形势正在恶化之中。于是佩尔斯决定去并没有很多学术研究职位的英国。他谋求到曼彻斯特大学一个两年的职位，是靠援助德国难民的基金资助的。几年后，他开始与弗里施一起工作。

这对科学家得出一个惊人的结论——基于他们的理论计算，一枚核弹所需要的铀-235 不必以吨计，而以磅[①]计。虽然他们并没有算出确切的值，但他们的结论，即那份写于 1940 年 4 月的、后来被称为“弗里施-佩尔斯记录”的文件，首次阐明了构造一颗原子弹是实际可行的。他们两人的结论是，一颗原子弹应该由两部分构成，其质量之和决定了临界质量。这样，两部分合在一起将导致爆炸，而每个单独的部分则处于亚临界状态，所以在需要的那个时刻之前，炸弹不会爆炸。这些结果直接促成了英国建立一个负责原子弹研制的官方委员会。大约在那个时候，尼尔斯·玻尔给奥托·弗里施发了一份电报，结尾称“告诉莫德·瑞·肯特”。弗里施他们猜想这是一份密电，而想办法解密却没有成功。由于整个计划与玻尔的原子研究有关，英国政府决定把这个委员会命名为莫

① 1 磅≈0.454 千克——译者注。

德委员会。战后人们才弄清楚，莫德·瑞是玻尔孩子的家庭女教师，玻尔只是想从战时的哥本哈根送上对她的问候。莫德委员会担负着英国原子弹研究的职责。1940年末，战时的美国和英国之间的科学合作在加强，美国物理学家也被邀请出席莫德会议。

1940年12月14日，在加利福尼亚大学伯克利分校的60英寸[①]回旋加速器上，格伦·T.西博格领导的团队在回旋加速器上用粒子轰击铀首次产生了钚-239。钚元素是以冥王星的名字命名的（而另一个早些时候发现的元素叫镎，是以海王星的名字命名的）。由于其半衰期为24 100年，因此现在自然界中已经找不到钚-239了。而另一种相对原子质量为244的钚同位素，其半衰期为8 000万年，在自然界中还可以找得到。

1941年夏，在英国和美国物理学家的努力下，莫德委员会完成了一份报告。报告指出："我们现在已经得出结论，制造可用的铀炸弹是可行的……且可能会对战争产生决定性的结果。"报告还提到了利用新的放射性元素即人工生产的钚来作为原子弹里裂变的原材料。美国在10月3日收到了莫德委员会的报告。万尼瓦尔·布什是一位电气工程师，也是罗斯福总统在1940年6月任命的国家国防研究委员会主任，他收到了来自英国的报告，并决定直接向总统汇报。

① 1英寸≈0.025 4米——译者注。

鉴于大西洋两边的事态发展再加上莫德报告，致使罗斯福总统于 1941 年 10 月 9 日召开了一次白宫会议。这次会议做出了一项重要决策：美国将着手推行一项制造原子弹的重大科学工业军事计划，将首批的 6 000 美元经费下拨给哥伦比亚的费米研究组。

既然美国人做了决定，作为在核过程理论方面取得过重大进展的英国人应该在该项目中发挥应有的作用。当时英格兰正遭受德国空军的狂轰滥炸，把这样一个大规模计划放到英国去做是非常冒险的。于是丘吉尔在 1942 年 7 月 31 日做出了最后决定，英国将支持以美国为主并由美国人掌控的原子弹项目。

美国陆军成立了一个特别部门负责掌控和协调整个项目。最初，这一机构设在纽约城，命名为曼哈顿工程区。后来该项目把总部移到美国新墨西哥州的沙漠小城洛斯阿拉莫斯，但整个研制原子弹的项目仍叫“曼哈顿计划”。1942 年 9 月，莱斯利·格罗夫斯将军被任命为总指挥。

美国人和英国人将会面临什么呢？那边的敌人是否也在加紧制造原子弹？这是有关第二次世界大战的一些最难回答的问题，已经永远不可能找到完整答案了。对于几个主要问题，要想寻求答案，关键在于理解一个人的战时行为，这个人就是维尔纳·海森堡。

11 纳粹核计划

其实人类有机会避免因原子弹造成成千上万的无辜者丧生，并避免战后疯狂的核军备竞赛。可是由于维尔纳·海森堡的一意孤行，结果这些机会都丧失了。

当美国和英国为了应对纳粹原子计划，准备率先造出核弹的时候，海森堡正在美国周游。他访问了好几个大学，会见了那里的物理学家，其中许多是从欧洲移居来的。在加利福尼亚州的伯克利，他会见了罗伯特·奥本海默。他在芝加哥大学和密歇根大学做了讲演并会见了那里的物理学家。他见到了德国出生的物理学家汉斯·贝特，贝特曾经在罗马跟着费米学习，不久前才移居到美国。他还会见了维克托·魏斯科普夫和尤金·维格纳——这两人都是有着欧洲渊源的杰出的美国物理学家。在哥伦比亚大学，他会见了伊西多·拉比。当然，他还见到了恩里科·费米。

所有这些人都一致劝说海森堡留在美国，把他的家人也一起接过来。海森堡可以很容易地在普林斯顿大学、哥伦比亚大学、芝加哥大学或在任何一所美国一流大学获得教职以及良好的工作条件。当时世界上最好的物理学家大多都在美国或英国——希特勒的清洗造成了这种人才外流，而最后伤及的还是第三帝国。海森堡将有机会与许多优秀的同行一起工作交流，任何一个大学都愿意提供丰厚的报酬来聘用这位天才的诺贝尔奖得主，而他本人的诺贝尔奖奖金也足以让自己在美国过上舒适的生活。除此之外，他见到的每个人都十分明确地指出，他绝对应该这样做，因为欧洲正处于一场可怕战争的前夜。

对此海森堡却一再说不。他解释说，他的家人在德国，他是德国人，他的国家需要他。他对很多美国朋友的这种理性和合理的建议置之不理。即使他有过纳粹统治下痛苦的个人经历，也亲眼见到过纳粹是怎样对待他的犹太同事的，他还是拒绝离开德国。于是他在 8 月中旬乘欧洲号返回了德国——船几乎是空的，很显然没有人愿意去那个即将爆发战争的地方。

1939 年 9 月 1 日，德国入侵波兰，预期的战争最终来了。海森堡是山步枪旅的一名军队储备队员，每年都接受攀爬和目标射击训练，现在他每天都准备着被召赴前线。他没有料到的是，他的前助理埃里希·巴格不知是自己改变了主意，还是因受胁迫，已经作为招募入伍的科学家在军队武器研究部门工作，研究铀裂变。这个组织被非正式地称为“铀俱乐部”（或叫“铀学会”，德语叫 Uranverein）。裂变的发现者之一奥托·哈恩也在这一组织中。

“铀学会”是战争开始之前由纳粹政府成立的，目的是研制原子弹。该项目分散在德国十多个不同的地点，起初主要在柏林-达雷姆的物理学研究所。巴格曾建议柏林这个机构的主管招聘海森堡，他认为这是在帮海森堡的忙，因为他知道他的教授是军队储备队员，担心他随时会被召往前线。然而，由于一些元老的反海森堡情结，巴格的建议遭受阻力。在这些人看来铀研究纯粹是个实验工作，而海森堡是个理论物理学家。

可是尽管武器研究部门一再向科学家们施加压力让他们找出制造裂变原子弹的办法，奥托·哈恩却一如既往地反对。由于哈恩在发现裂变中发挥过重要作用，人们都尊重他的意见。但他的军方老板不想听他说这些。哈恩却不断地重申这个计划不可行的原因。

哈恩反对的原因之一是他读过尼尔斯·玻尔和约翰·阿奇博尔德·惠勒的论文，文章说在含有铀-235 和铀-238 的原铀矿样品中，只观察到含量极其稀少的裂变同位素铀-235 的实验结果。虽然德国在约阿希姆斯塔勒尔拥有丰富的铀储量，可是哈恩坚持说没有一种简单方法能从混合矿石里分离出含量非常稀少的铀-235 同位素。

但当局不愿意听到“不”字。他们继续向科学家们施加压力。科学家们原以为他们用这种容易的办法可以避免去前线，能留在柏林军事管制下的设施内继续自己的研究。巴格再次建议，理论物理学家海森堡能帮助解决问题，从而造出核武器。1939 年 9 月 20 日，海森堡接到通知，并于 9 月 26 日抵达柏林，以一个理论物理学家的身份开始在纳粹军队的原子研究项目中履行职责。

后来海森堡被安排去了德国西南部黑森林地区的海格洛赫镇，去另一个设施工作。这个小镇始建于 11 世纪，其名字中的“洛赫”在德语中的意思是“洞”，而这个词恰如其分地说明了战争年代在这里发生的事情。在这个风景如画的小镇里，海森堡带着德国科学家和工人们在一个教堂下面的岩石中挖了一个深洞，在洞中，他们着手建立了一个核反应堆。尽管反应堆的安全性很差，海森堡的研究还是在这里开展了。除了铀以外，反应堆需要重水来慢化核反应（重水中的氢并不是通常的氢，而是氢的同位素氘。氘的核中含有一个额外的中子）。重水由位于挪威的一个工厂提供，盟军[①]后来通过一系列的地面和空中轰炸成功地将它摧毁了。一些德国科学家认为中断挪威的重水供给对及早结束纳粹原子弹计划起了很大作用。

---

① 盟军即同盟国的军队。同盟国，又称反法西斯同盟，是第二次世界大战爆发后，部分国家为抵抗以德意日为首的轴心国的侵略而组成的联盟，也是与轴心国对立的阵营。中国抗日战争是世界反法西斯战争的重要组成部分，因此在当时中国是一位重要的盟友。中美英苏作为四大国率先发布《联合国家宣言》——译者注。

德国投降后，那些曾经为纳粹原子弹计划工作过的德国科学家都竭力把自己与希特勒的战争罪行划清界限，刻意隐瞒他们那段不光彩的历史。奥托·哈恩在他 1968 年出版的传记《我的一生》里，没有提及他为希特勒造原子弹的经历，虽然他提到了他曾被盟军抓捕并拘禁在农舍——一座位于剑桥郊外被优雅的英式花园环绕的大型庄园里。

我们今天知道的有关纳粹原子弹计划的史料大多来自对当时拘押在英国农舍的德国科学家之间谈话的秘密录音以及阿尔索斯使命团于 1945 年在欧洲发现的那些文件。

阿尔索斯使命团是盟军一个保密单位的代号。其任务是在 1945 年 5 月纳粹投降后，发现和拘捕德国原子科学家，并收集所有能找到的关于纳粹原子计划的相关文件。这项任务由荷兰裔美国犹太物理学家山姆·高德斯密特领导，此人认识很多德国科学家，在战前曾经和他们一起在欧洲工作过。他们找到了海格洛赫的纳粹核反应堆，最终逮捕了躲藏在德国南部乡村的海森堡。他们还发现并拘捕了其他 9 名曾经参与希特勒原子计划的科学家（其中一个只是外围人物）。

除了海森堡之外，被拘捕的人中还有奥托·哈恩。刚开始，这些科学家被关在法国的一座城堡里，然后被秘密押送到英国，拘禁在那座宽敞的农舍庄园里。

庄园有警卫把守，他们几乎不可能有出逃的机会。不过除去这些限制，他们可以在庄园里自由活动，有时候在陪同

囚禁参与希特勒原子计划科学家的农舍庄园（图片源自网络“维基百科”）

下，他们还可以参加科学讲座和其他活动。当然他们不敢有任何幻想：他们是战俘，住在这里“等待国王陛下发落”，等待被英国主管方通知何时处理他们的案件。没有任何国际法律允许拘押这些作为非战斗人员的科学家们，很明显他们和军事或政治没有关系。盟军依照的是英国的法律，允许 6 个月以内的对任何人的拘禁，“等待国王陛下发落”。

这 10 位德国科学家在这里度过了 6 个月。他们不知道整个农舍被英国情报机构彻底窃听了（虽然其中有一人怀疑过，但找不到确切证据）。隐蔽的麦克风无处不在，这些人所有的对话都被录音，目的是想得知纳粹的原子弹计划到底走了多远，他们到底对这个计划知道多少。

1992 年 2 月 24 日，英国政府终于屈从于来自国际新闻界和科学界的压力，解密了这些对话记录。这些科学家曾试图弄明白为什么他们被拘押在那里，他们考虑过逃跑计划，还谈论过各种共同关心的问题。

T. H. 里特纳少校是管理农舍被拘押者的英国指挥官，他在一份关于对德国科学家个性的报告里总结了对这 10 个人的评价。这些评价从科学家们在 1945 年 5 月被捕后不久开始，在他们获悉 8 月 6 日原子弹投掷在广岛的消息——这是在他们被囚禁的那 6 个月期间发生的一次重大事件——之后进行了修订。这些德国科学家的个性被里特纳描述如下：

马克斯·冯·劳厄教授是一个性情温和又腼腆的男人。他声称他和铀从来没有任何关系，也没有在凯撒威廉研究所从事过任何实验，所以他不能理解拘捕他的原因。他对其他人持幸灾乐祸的态度，因为他认为自己没有卷入过任何事情。从监听谈话中可见，他不受他的同伙喜欢。他对英国和美国非常友好，是亲英美的。

奥托·哈恩教授是一个对世界作出贡献的教授。他不受年轻党员的欢迎，因为他们认为他独裁。他充满幽默感又具有渊博的知识，对英国和美国友好。他听到使用原子弹的消息后非常痛苦，因为他觉得自己是始作俑者，必须对很多人失去了生命负责。他始终认为虽然迈特纳教授被媒体赞誉为裂变的发现者，但实际上她只是自己的助手之一，在取得重大突破的时候又已经离开了柏林。

瓦尔特·盖拉赫教授总是非常开朗友善。但在监听对话中，他由于与盖世太保的关系被怀疑。作为受命于德国政府去组织铀研究的人，他认为自己是个被打败的将军，当听到原子弹爆炸的消息发布时，他一度企图自杀。

维尔纳·海森堡教授是一个非常友好和乐于助人的人，同时我相信，他真正迫切地希望与英国和美国的科学家合作，虽然他也曾谈到过苏联人。党内的年轻党员指责他保守实验信息。他能够接受原子弹爆炸的事实。

保罗·哈太克教授有迷人的个性，永远不给别人制造任何麻烦。他的愿望是继续从事他的工作。他是个单身汉，因此比起其他人来，他很少担心德国的局势。他对原子弹的消息表现冷静，还提出了多种理论来解释它是如何被造出来的。

C. F. 冯·魏茨泽克教授从表面上看起来很友好，好像是个可以合作的人。不论是直接的还是从监视的谈话里，他总说他真心地反对纳粹政权，对制造原子弹的事并不热心。他对沃茨说他并不反对友善地对待英国人，但感情上不太情愿这么做，因为“今年我们这么多的妇女和儿童被杀害”。作为一位外交官的儿子，他属于他自己，很难说他是否真正想与英国和美国合作。

H.库尔星博士完全是一个谜。使用原子弹的消息宣布后，他在同事当中制造沮丧气氛，差点导致盖拉赫自杀。

K.迪布纳博士从表面上看起来还算友好，但他有一种令人不快的个性，得不到别人的信任。所以除了巴格以外没有人喜欢他。他很担心他的未来，并告诉巴格他打算正式申请恢复他的公务员身份。他希望人们忘记他是个纳粹党员。他说他留在党内只是想如果德国赢了这场战争，只有党员才能得到好的工作。

K.沃茨博士是个聪明的利己主义者，表面上看非常友好，但不被信任。只有当他认为对他有利时，他才肯合作。

E.巴格博士是一个严谨的、工作非常勤奋的年轻人。他是个纯正的德国人，与他不太可能进行合作。他与迪布纳之间的友谊使人对他产生怀疑。

上述对科学家性格的分析或许能给人们一些启发，到底谁参与了希特勒的核计划。但是他们实际上做了什么？从战争结束直到现在，人们对这个问题还是没有确切答案。

就人们所知，马克斯·冯·劳厄没有参与纳粹的原子项目。他当时 66 岁，年纪比其他在农舍里的科学家们都大。几十年前，他开创性地发现了 X 射线衍射现象——该技术直到今天仍然在晶体学中应用——为此荣获了诺贝尔奖。当反犹太主义攻击相对论时，劳厄站在爱因斯坦一边。他也曾表示过反对纳粹主义的观点。战争期间，虽然他在柏林，但从没有记录表示他参与了制造原子弹。

奥托·哈恩的主要罪过是他在战争期间留在了柏林继续铀裂变实验工作——他和莉泽·迈特纳早期开始的研究项目。他战时在柏林的任何工作是否直接被纳粹利用尚不清楚。但他是铀学会的成员，正式参与和推动了为希特勒制造原子弹。后来哈恩声称，他留在实验室里使他得以继续雇用一些科学家，否则这些人可能会失业，在战时德国那样的恶劣条件下遭受苦难。

瓦尔特·盖拉赫是位著名的德国物理学家，在 1922 年研究银原子磁矩时做出了量子理论开创性的工作，和奥托·斯特恩共同发现了斯特恩-盖拉赫效应。他们发现的效应是非均匀磁场中粒子的偏离，得到这个结果的实验设计在今天仍然用于研究量子现象。盖拉赫成为铀学会里研究原子能领域最有影响力的成员之一。1943 年，盖拉赫开始领导该研究项目。

保罗·哈太克是柏林的一位化学家，研究物理化学。1933 年希特勒夺取德国政权后，他去了英国，与欧内斯特·卢瑟福一起工作。后来，他做了汉堡大学的物理化学系主任。作为一名纳粹铀学会的成员，哈太克负责两个重要问题的研究：生产用于调控核反应的重水以及从铀矿石里分离稀有同位素铀-235。后者是任务的关键工作，是制造原子弹裂变材料的核心部分。

哈太克早在 1937 年就开始为纳粹军队军械部门工作，研究铀以及可能的军事应用。两年后他和纳粹战争部商讨利用裂变制造原子弹。在战争早期，他参与研究和发展关于生产重水的项目，包括在挪威占领区监督重水生产工厂。哈太克在 1943 年发明了一种利用离心机从矿石中分离铀-235 的新方法。60 多年后，伊朗人在他们的核计划中实际上使用的是同一方法。与许多其他科学家相比，哈太克引领着纳粹危险地接近他们的目标。但幸运的是，制造原子弹所需要的资源比战时德国所能承受的要大得多。

事实上，纳粹没有使用哈太克的离心机分离出足够的铀-235 来用于制造一颗炸弹，也没有从他们的海格洛赫设备中为他们的第二种原子弹生产出足够的钚。战后有一些德国科学家多次声称，他们并不是真的想造炸弹，他们只是希望有一个产生能源的核反应堆。

库尔特·迪布纳是一名纳粹党员，也是铀学会的组织者。他在 1939 年提醒过纳粹关于理论上推算铀的链式反应及其军事应用的可能性。由于他对德国发展原子弹表现出的热情，当时一些在德国工作的科学家不喜欢迪布纳。迪布纳从 1942 年开始在柏林-达雷姆和德国其他城市的大学进行裂变实验。

埃里克·巴格与迪布纳合作，发明了从铀矿石中提纯铀-235 的过程。他的方法发明于 1944 年，当时纳粹已经注定要失败。这种方法用电磁场热扩散与离心技术相结合来分离铀裂变同位素，比先前的方法效率更高。由于对这场战争来说这个发明来得太晚，没能充分发挥其威力。要是这个发明来得早的话，或许纳粹实现核计划的概率会更大。

霍斯特·库尔星也致力于分离铀同位素的热扩散过程研究。他在柏林有个职位，作为铀学会的成员同时进行铀浓缩实验，还发表过关于热扩散的工作。他的研究结果被巴格用于铀提纯工作。

卡尔·沃茨在战争爆发前是莱比锡大学的教授，也被招募到纳粹的铀学会，他还是一些纳粹组织的成员。比起其他德国科学家，他扮演了一个比较次要的角色，主要研究重水的生产。

曾为纳粹原子计划效力的一个最重要的科学家是海森堡的亲密伙伴卡尔·弗里德里希·冯·魏茨泽克。他是恩斯特·冯·魏茨泽克的儿子，其父是希特勒的高级外交官，是在纽伦堡被判犯有战争罪的外交部官员之一，罪行是将犹太人驱逐到奥斯威辛集中营。他被法庭判处入狱，后来在 1950 年获释。

卡尔·弗里德里希·冯·魏茨泽克在为铀学会工作期间有过一项重要科学发现。他推断当铀-235 经历裂变时会释放中子，而较重的铀-238 同位素则会吸收其中一些中子。他推测，类似于费米有关超铀元素的产生，中子吸收的结果将导致产生铀-239 同位素。铀-239 不稳定，因此会衰变成另一个相对原子质量为 239 的元素。如前面提到的，此元素于 1940 年在加利福尼亚大学伯克利分校的实验室中被发现，命名为钚。像铀-235 那样，钚也可以用于制造原子弹。但是分离铀-235 是非常昂贵的，因为它在天然铀矿石中只占 0.7%（其余的是铀-238）。反应堆中产生的新元素钚为纳粹制造核弹找到了另一条可行途径。魏茨泽克曾在 1940 年 7 月向他所在的陆军武器部门的上司报告了这些研究结果。

为了能造出原子弹，纳粹不放过任何一丝可能性。他们向海森堡施压以获取项目可行性的具体信息，因为海森堡是组里最杰出的科学家。可海森堡似乎对可行性的看法一直摇摆不定。他承认理论上制造核弹的可能性——那时候已经有 100 多篇论文发表在科学文献上，指出铀裂变和自我维持链式反应的可能性——但是他不断强调，从以铀-238 为主要成分的混合物中分离出铀-235，将需要数以百万计的德国马克以及数以十万计的工人。

那时浮现出的另一种可能性是建立被德国科学家称为“引擎”的核反应堆。这也是十分昂贵的，但是可行的。反应堆里可以生成新元素（就是钚，尽管直到战争结束，德国人并不知道关于它的分离和命名），可用于原子弹装置。科学家们可以研究“引擎”里发生的核反应，或许由此能找到另一种制造炸弹的途径，炸弹的大小适合装在一架飞机上或由一个大型大炮发射。在海森堡的指导下，莱比锡大学物理系建了一个小反应堆。较大一点的那个秘密核反应堆就是建在海格洛赫教堂下面的那个。

因此，尽管有一些保留看法，为希特勒工作的科学家们在遍布德国的各个地方通过他们的研究做了一些工作。类似于在美国的曼哈顿计划，纳粹或许在很多项目上为实现原子弹计划取得过良好的进展。这很容易想象，因为铀和其性质的原始研究都曾出现在德国的土地上，参与其中的一些科学家，如哈恩，还留在自己的实验室里继续研究。

德国人知道裂变，能在实验室里实现裂变；他们懂得链式反应；他们知道铀的哪种同位素适用于裂变，也开发了同位素分离方法。他们知道使用重水作为核反应堆中的反应缓冲剂，并在海格洛赫建立了一个反应堆。他们还知道钚可以由核反应堆产生，可以替代铀-235 用于原子弹。其实他们距离原子弹仅一步之遥，所需的只是时间、资金和人力。所幸的是，对于整个世界来说，德国人一直没有得到这些。

两个重要问题是：维尔纳·海森堡陷入纳粹的原子弹计划到底有多深？他是不是全心全意地支持这个项目？

12 哥本哈根

1941年，哥本哈根，两位科学巨匠——维尔纳·海森堡和尼尔斯·玻尔——那次著名的会面是科学史上的一个重要事件。然而对此次会面的细节，人们知道得并不多。会面的一方是海森堡——一位受纳粹雇佣的最资深科学家，凭他的科学知识完全有可能为纳粹造出致命武器。另一方是玻尔——一位同样杰出的科学家，海森堡的恩师，也是一个可以在盟军科学家和海森堡及其合作者之间进行沟通的人。有些人甚至认为他们的这次会面直接影响了战争结果。

1934年海森堡与玻尔（图片源自网络“维基百科”）

纳粹早在1938年就希望上马原子弹项目，可是他们找不到高级人才，因为希特勒的反犹太主义政策已经逼走了大批科学家。还留在德国的一位科学巨星就是维尔纳·海森堡（另外的人，如奥托·哈恩和卡尔·冯·魏茨泽克，他们在这项研究中是次要人物）。于是海森堡一人在纳粹这边，而整个世界的一流科学家在盟军那边。

海森堡发现自己处于一个尴尬的孤立境地。曾几何时，他也属于这个国际物理大家庭，常和爱因斯坦、玻尔、薛定谔、费米、迈特纳等科学家往来，自由地交换想法。而现在他孤独一人，只为了忠于他的祖国，效忠于这个使他茫然的国家。由于战争原因阻止了信息交流，他不知道美国或英国的研究计划进展。或许他希望了解一些情况，也或许是为了纳粹，1941 年秋天，海森堡去了纳粹占领下的丹麦，去拜访他的恩师尼尔斯·玻尔。

海森堡这次在战争期间访问玻尔的具体细节一直是科学史上的谜团。人们不知道他们之间到底谈了什么，甚至不知道会谈的确切日期。唯一知道的是那次会面发生在 1941 年秋天的某个时间。

那年秋天的一日，据美国历史学家托马斯·鲍维斯说是在 1941 年 9 月 15 日星期一的下午 6 点 15 分，虽然可能有出入。又据海森堡本人的记忆是在 10 月底，但是维尔纳·海森堡确实乘坐一列从柏林出发的火车到了哥本哈根。

据说至少其中一次会面时还有玻尔的妻子玛格丽特在

场，还有几次有海森堡的同事卡尔·弗里德里希·冯·魏茨泽克在场。神秘的会面主题和各种说法间的分歧已经被英国剧作家迈克尔·弗雷恩通过戏剧《哥本哈根》[①]植入大众文化之中，更凸显了人们对会谈主题的各种猜测。

一直以来，关于这次海森堡-玻尔会谈内容的主要信息都来自德国或者同情德国的媒体。1956 年，罗伯特·容克出版了一本德文书，讲述了第二次世界大战期间纳粹推动的原子弹计划，其中包括海森堡本人对 1941 年那次和玻尔会面的回忆。这本书被译成英文，以《比一千个太阳还亮》为书名在 1958 年出版。

容克的这本书强烈迎合海森堡的说辞。海森堡说当时如果玻尔同意，他们可以马上和盟国科学家建立合作关系。后来由于玻尔一直没有给予公开回应，海森堡的这种说法在一段时间被人们所接受：即海森堡去哥本哈根的目的是希望双方能有个秘密协定，以防止发生核竞赛。

但就海森堡看来，玻尔对此并不感兴趣也不愿合作。容克的结论是海森堡无法接近玻尔，“于是当海森堡来看望他时，他立刻表现出一种抗拒，对这个曾经是他最喜欢的学生甚至非常冷漠”。

这些内容也出现在英国出版的一本名为《病毒屋》（美国

---

① 《哥本哈根》（英文：Copenhagen）描写了主角的灵魂在天堂会面，通过对话和追忆的表现方式，讲述了海森堡前往哥本哈根与玻尔会面的故事。戏剧借用量子力学的不确定原理，探讨了这次会面的多种可能性，涉及第二次世界大战、纳粹德国的核武器计划、曼哈顿工程等。本剧于 1998 年在英国伦敦国家剧院首次演出，中国国家话剧院曾改编演出——译者注。

版本称为《德国原子弹》）的书中，由否认大屠杀的英国历史学家大卫·欧文写于 1967 年。弗雷恩说是托马斯·鲍维斯在 1993 年出版的那本书——《海森堡的战争：德国原子弹秘史》（其中部分引用了欧文和容克的内容）首次激发了他写出那个使他获得殊荣的剧本。所有上述作品对那次哥本哈根会面的描述基本上都是相同的。

欧文在书中写道，海森堡去哥本哈根见玻尔是“要问他对人性的看法”。据欧文所说，海森堡作为德国理论物理学界的“权威”请教玻尔，他是否认为物理学家“在战时参与原子弹研究是道德的”这个问题，好似希望“从教皇那里寻求赦免”。而玻尔反问海森堡，他是否在考虑把原子核裂变用到军事上。海森堡“遗憾地回答说是，他认为这是可能的”。

所有这些信息都在传播一种说法，即这位前门生去见他恩师的目的是讨论人性和道德问题，对他为纳粹从事原子弹研究寻求某种宽恕。也或许他想向盟军提议做个交易，即双方都不应继续从事原子弹研究，各自对政府的计划采取蓄意怠工。这看起来像是一种非常令人敬佩的做法——理想主义者海森堡在艰难的战时条件下不情愿为纳粹政府做他不想做的事。但历史无情地证明这种猜测是错的。

容克的书出版之后，维尔纳·海森堡给容克写了一封长信，试图更准确地讲述他关于哥本哈根之行的回忆。在容克的这本书再版时，他感到有必要把这封信附在描写那次会谈一节的后面。在这封信中，海森堡说根据德国从铀和重水的实验结果得出的结论，他本人和其他人都肯定了利用铀和重水建造一个反应堆来提供能源的可行性。在这种反应堆中，铀-238的衰变产物将“和铀-235一样适合用于原子弹”。他说他和他的同事们不知道如何利用其他任何在战时可用的资源让德国获得足够数量的铀-235。他说他们可以肯定原子弹能造出来，但显然他和他的同事们高估了所需的技术开支。

海森堡称在这种情况下，他和其他德国人感觉这是一个机遇，应该“面对这些局面，寻求与玻尔会谈”。海森堡回忆说，他们的谈话是在晚上在新嘉士伯附近散步的时候进行的，并解释说，“我知道玻尔当时处在德国当局的监视之下，我的一举一动很有可能会被报告给德国，所以我努力试图使这次谈话的方式不会给我带来生命危险”。据海森堡说，他一开始就问玻尔，物理学家们在战争时期是否应该从事铀研究，因为很有可能这一领域的进展会导致非常严重的后果。海森堡说玻尔马上就理解了他的这个问题，因为他“察觉到玻尔有种略带害怕的反应”。

海森堡说，玻尔的回答是反问：“你真觉得铀裂变能被用于制造武器？”海森堡说他当时可能回答“是”，并说，“我知道这只是原则上可能，但这需要很大的技术突破，所以这只是个愿望，不可能在这场战争中实现。”海森堡说他注意到玻尔被“我的回答所震惊”，他推测玻尔以为“我在向他传达一个信息，德国在制造原子武器方面取得了很大进展”。海森堡辩称，他试图“纠正这种错误印象”，但他没能成功地获得玻尔的信任。他说尤其是因为他只能“说话谨慎”，因为他很害怕他的某些措辞被纳粹抓住把柄，于他不利。海森堡最后说“自己对这次谈话结果非常不满意”。

而在 1957 年，当玻尔看到海森堡给容克的这封信后，引起了震怒。在随后的声明中，玻尔的儿子奥格·玻尔和其他此次会谈的知情人提到了玻尔对这封信的反应以及 1941 年会谈的情景。但直到最近也没有人准确地知道玻尔对容克的描写和海森堡的信究竟做出了什么样的反应。

到了 2002 年，随着话剧《哥本哈根》的成功而激发出的公众的巨大兴趣，哥本哈根的尼尔斯·玻尔档案馆感到有必要采取行动。玻尔的私人信件在他死后的 50 多年里一直封存着，曾计划在 2012 年开始向学界和公众开放。但由于来自各方的要求查看玻尔关于对海森堡说辞的反应的巨大压力，档案馆方面最后做了妥协。于是他们比预定时间提前了 10 年将这些档案资料公布于世。

这些资料显示，玻尔曾多次写信给海森堡，质疑海森堡写给容克的那封信中的真实性。但是，写给海森堡的这些信他从未寄出。玻尔不愿面对他的这位故友加门生。两个人之间的交往甚至在德国入侵丹麦之前就已经开始降温。玻尔听到的传说是海森堡公开表示赞同纳粹入侵波兰，还强烈赞同德国在欧洲的扩张。不管怎样，那次会谈不欢而散后，两人之间的关系再也没有可能恢复如初。所以在 1956 年，玻尔不想再加剧两人之间已经很糟糕的感情，于是他选择把这些信留给自己。

这些信件是玻尔真迹的摹本（有些经玻尔身边的人手抄——比如他的助手克拉克尔，妻子玛格丽特或儿子奥格）、丹麦语印刷版本以及英语译文。

下面是玻尔未寄出信件中第一封的部分摘录，上面没有注明日期。但根据玻尔档案记录是写于 1957 年：

“我本人记得我们谈话的每一个字……你和魏茨泽克都明确表示你们坚信德国会赢，因此我们期望任何其他的战争结果，或对德国提出的所有合作要求保持沉默都是徒劳的。我还清楚地记得我们在我办公室里的那次谈话，你说话的那种口气给我的印象只能是，在你的领导下，德国原子武器的发展已经成熟。你说已经没有必要再谈论细节，因为你在过去两年里花了不少时间专门为这些做准备，现在已完全熟悉了……如果我的行为有任何地方可以解释为震惊的话，那就是我知道了这样一个事实——如果我没有理解错的话——德国正在全力参与一场核竞赛，要率先拥有核武器。”

玻尔给海森堡的另外一些未寄出的信里表示出更强烈的情绪。尼尔斯·玻尔档案里有一封标志着“文档 11a”的信，日期也不确定，部分摘录如下：

“……我特别不能忘的是我们在我办公室里的谈话。由于你提出的问题，我在脑海里仔细地回顾了那时说过的每一句话。给我印象最深的是，你说你很肯定，如果战争持续过长，就会决定使用原子武器。”

玻尔进而称海森堡的立场是不可理喻的。海森堡说的这些话与所声称的和玻尔会面的性质、所有有关的书里对哥本哈根事件的解释以及弗雷恩的话剧都相矛盾。玻尔在他的信中提出了另外一个问题：纳粹当局如何授权给海森堡，让他去被纳粹占领的丹麦访问他？这表明海森堡可能与纳粹当局合谋企图操控玻尔，假意与玻尔达成这样的协议：双方科学家都不要遵从各自政府的计划。其目的可能是为了阻碍盟军那边任何可能的原子项目。

玻尔信件揭示的故事从未出现在之前的任何记载里。所谓德国科学家在研造原子弹时“消极怠工”的说法由于大卫·欧文的著作植入人心。这个同情纳粹的历史学家的说法在鲍维斯一书中讲述海森堡-玻尔会面的第 11 章里援引了 7 次。

鲍维斯回忆说，战后人们常常引用海森堡的话，“在 1939 年夏天，有 12 人也许还能通过相互协议，以阻止制造原子弹”（然而，哥本哈根会谈发生在 1941 年，是纳粹已经占领了欧洲的大部分地区以后，所以双方清楚形势已经变了）。鲍维斯还是明确表示，当海森堡“去看玻尔时，心中才萌生了这种‘相互协议’的念头”。“很久以后海森堡对欧文说，他去寻求这些是做了件非常‘愚蠢’的事，因为玻尔在这方面根本不合作。”

海森堡自然对欧文关于他和他的战时行为的那些描写很赞赏。从德国海格博物馆的网站——就是那个纪念海森堡建在海格镇教堂下面秘密山洞里的核反应堆的博物馆——人们仍然可以看到对海森堡的一次采访。当时他说：“不久将在柏林有个会议，我们要告诉人们事情的来龙去脉。欧文在他的《病毒屋》这本书里都已经写得很清楚了。你知道欧文的这本书，不是吗？我认为书写得非常详细。他研究了各种资料，各类文档等。我认为他把这件事做得很好。”

虽然农舍的那些谈话录音没有直接给出哥本哈根会谈的内容，但它使人们对海森堡所宣称的“他们对希特勒的原子计划怠工”这个说法产生了怀疑。1945 年 8 月 6 日的录音记录了科学家们得知轰炸广岛的消息后的谈话，部分内容如下。

海森堡：另一方面，对于整个重水研究，我尽了我所能做的一切，可没能生产出炸弹。

哈太克：在造出引擎（即核反应堆）之前可能不行。

哈恩：可他们似乎在有引擎之前先生产出炸弹了，现在他们说“未来我们将造出引擎”。

哈太克：如果生产炸弹要用质谱仪的话，我们绝不会这么做，因为我们永远不可能雇用 56 000 名工人……

冯·魏茨泽克：究竟有多少人在造 V-1 和 V-2 火箭？

迪布纳：数千人。

海森堡：我们不会有这种勇气向政府建议，让他们在 1942 年春天动用 12 万人去建造这个东西。

魏茨泽克对此回应说“原则上所有的物理学家都不想做这件事”，如果他们愿意做，他们会成功。不过我认为海森堡在录音里所说的最后一段最能说明问题：他和其他物理学家没有道德勇气向纳粹政府要 12 万员工来造核弹。这是什么意思？这意味着他们认为向纳粹政府索要这些人是不“道德”的，并不是因为他们做的事（制造核弹）不道德，而是因为海森堡和他的同事们认为把这么多劳力从其他地方——比如从前线或从集中营——抽调过来是不道德的。即使海森堡不了解有关纳粹恐怖行径的具体细节，他的上述言论不像是一个后来去了哥本哈根、通过玻尔向盟国建议不应该建造原子弹是基于道德原因的这么一个人所说的。

刚一得知广岛的消息，德国科学家们就马上着手起草一项联合声明，且于 1945 年 8 月 8 日完成并公布于众。他们试图借此来摆脱与纳粹原子弹计划有关的所有责任。他们说“铀原子核裂变是哈恩和斯特拉斯曼于 1938 年 12 月在柏林的凯撒威廉化学研究所发现的”——其中完全无视迈特纳和弗里施的贡献，他们进而把它定性为“与实际用途毫无关系的纯科学研究结果”。声明继续争辩说，德国科学家对制造原子弹并不感兴趣，因为“当时德国没有制造原子弹的技术条件”，他们做的纯粹是利用反应堆来产生能源。

8 月 8 日的声明还给人一种印象，即德国科学家虽然具有制造原子弹的知识和能力，可是他们没有帮助纳粹来制造原子弹，是因为这种东西既困难又昂贵。换句话说，或许美国和英国真的是破解了制造原子弹的难题（一些农舍科学家们甚至认为轰炸广岛的可能只是一种大型传统炸弹），当然“优越”的德国人如果有这些资源的话可以做得更好。

在第二颗原子弹爆炸的消息传来以后，农舍的谈话录音里记录了一段海森堡的话。他说：“我认为我可以想象出他们的所有细节。事实上它的物理很简单，它就是个工业制造的问题。”他继续争辩说，德国一直没有造出一枚核弹仅仅是因为项目的规模，因为“所有生产重水的工厂都被英国皇家空军炸毁了。这才是为什么我们没有成功的原因。但从科学的角度来讲，我们知道这中间所有的过程。当然苏联人也知道，卡皮查和朗道（苏联物理学家）就知道”。显然，与世界上许多观察家一样，海森堡的眼睛盯住了苏联这个危险原子游戏的下一个参与者。

1972 年，当我还是加利福尼亚大学伯克利分校一名学物理与数学的学生时，我见到了维尔纳 · 海森堡。这位时年 71 岁的科学家依然十分帅气，身板挺拔，一双敏锐的蓝眼睛闪闪发光。那次他做了一场精彩的演讲，是有关量子力学的。

他讲到他是如何想到使用矩阵来描述量子态，从而为科学奠定了量子力学基础，促成他荣获诺贝尔奖。可他说他当时甚至还不知道处理矩阵的数学技巧。我们都被他的故事震撼了。没有人敢问他在纳粹的原子弹计划中究竟扮演了什么角色，以及他曾经是否真正对为希特勒造出这种终极武器抱有信心。

我们大概永远不可能给予隐藏在深处的那些不愉快的问题一个完整确定的答案。但是最近公布的玻尔信件以及农舍的录音材料足以给海森堡本人所宣称的无罪蒙上一层无情的阴影。

13 成功的那一刻

在海森堡去哥本哈根与玻尔会谈的一两个月以后，1941年11月，大西洋彼岸的美国国家科学院召集了一个特别委员会来评审研制原子弹的可行性。成立这个委员会的主要原因是英国科学家同意了美国人的观点，认为拥有核装置已是触手可及的事实。同时大西洋两岸的科学家们都害怕德国人在这一目标上取得先机。

然而就在1941年12月7日——那个被罗斯福称为“国耻日”的一天——日本对停靠在夏威夷珍珠港的美国第七舰队发动了突然袭击[①]。美国卷入了第二次世界大战。

阿瑟·康普顿，芝加哥大学的一位教授，被任命领导一个研究组来论证构建原子弹的可行性。这个被称为冶金研究所的实验室就在芝加哥大学。费米在3年前到了美国，之后

① 即珍珠港事件，是指日本海军对美国海军夏威夷领地珍珠港海军基地的一次突袭作战。攻击珍珠港的计划来自日本与美国的外交冲突，是日本为了继续对中国的战争，夺取他国资源计划的一部分——译者注。

1941年12月8日，罗斯福总统签署对日宣战书（图片源自网络“维基百科”）

一直在哥伦比亚大学的一个小型铀堆上研究中子产生和吸收。他对政府决定将这个研究项目搬到芝加哥大学感到不满，因为这需要他往返于纽约和芝加哥。新组建的研究组（一部分来自哥伦比亚大学，另一部分来自芝加哥大学）负责建造一个铀“中间堆”。这个反应堆可容纳较多的铀，能产生更多的中子，但仍处在亚临界状态（即其含量还不足以引起链式反应）。

当局的政策使费米的处境比较尴尬。在珍珠港事件发生后，美国随即对“轴心国”[①]宣战，使所有居住在美国的意大利人都被视为敌对方，这些人的行动因此也受到限制。费米不是美国公民，每当他需要去芝加哥的时候，必须从当局方面获得特别许可。可是他在芝加哥的工作被列为最高机密，所以又不能给当局透露他要求旅行的原因。当时许多其他移

① “轴心国”指在第二次世界大战中结成的战争联盟。1940年9月27日德国、意大利和日本三国外交代表在柏林签署《德意日三国同盟条约》，成立以柏林-罗马-东京轴心为核心的军事集团。这个军事集团的成员被称为“轴心国”——译者注。

民也面临着同样的窘况：他们逃离了轴心国的迫害，现在又遭受到美国的严密盘查。

费米终于在 1942 年 5 月搬到了芝加哥，随后不久，他的家人也搬过去了（在战争之后他留在了芝加哥大学，在那里继续他的原子核研究生涯）。虽然不再受美国政府那种严厉的旅行限制了，但费米接下来的麻烦是：他是一名从敌对方移民到美国的核科学家。费米发现他所有的信件都是被拆过后再封上的。这种做法使他怒不可遏，他的自尊心受到极大伤害。他已经移民到了美国，现在又在战争期间全心全意地为这个新的家园工作，然而他完全没有得到信任。

经过反复向当局投诉，他们许诺中止对费米的检查。可是后来费米发现在他的邮箱里有一张显然是误放的卡片，上面指令邮递员开启费米的信件并报告信件内容。这使费米更加愤怒，向邮政管理机构提出抗议。邮政管理机构先是辩解说他们对这些一无所知，但后来又提供了一个解释，说费米的信件是被一名间谍打开的。费米感到这个笨拙借口非常可笑。不过从那以后，邮局再不动他的信件了。

费米到芝加哥后开始了一段极其保密的生活。他的工作地点也从一个大学的物理系搬到了美国政府控制下的一个绝密单位——他们把它称为“冶金研究所”。关于冶金研究所，费米的妻子劳拉唯一知道的是那里面并没有任何一位冶金学家。

这里的科学家和他们家庭成员的活动被限于做“冶金研究”的这帮人的范围之内。美国政府组织他们观看一部保密电影《近亲》[①]。这部电影故事性地描绘了一个可怕结果：一位科学家如果不小心丢了文件，落到了一名间谍手里，其结果可能导致整个伦敦被纳粹摧毁。费米和他的同事及其家庭成员们都愿意遵守对他们的社交生活和日常活动的严格限制。后来随着实验人员增加，社交范围扩大，情况才稍微有些缓解。

美国的原子弹研究已经到了一个重要的里程碑阶段。参与其中的所有物理学家都十分清楚，并且告知军事和政府部门，制造核武器是非常可能的。然而尚没有人制造过这种大型的、能自我维持的链式反应（虽然哥伦比亚大学已经做了一些研究），而这是制造原子弹或运转发电反应堆必须具备的物理机制。那时只知道产生这样一个连锁反应的可能性很大，至于原子弹，要求核反应必须迅速，这可以利用铀-235 或钚来实现。可在那个时候，已经产生（如钚）或分离出来（如铀-235）的这些同位素的量非常之少，科学家确信，一个有效原子弹所需的量是几千克。对这个既神秘又重要的数字的估计，在大西洋两岸以及在战争期间的不同阶段有着很大的出入。德国人估计从“一个菠萝大小”到几十千克；英国人

① 《近亲》是 1942 年第二次世界大战的宣传影片，最初是英国陆军部的一个培训电影，宣传“不经意的谈话可能危及性命”，后来被改编扩展、商业发行。第二次世界大战结束后，直到 20 世纪 60 年代中期，英联邦国家机构一直用《近亲》作为安全培训的一部分——译者注。

和美国人则估计是几千克。曼哈顿计划需要研究的一个关键问题就是确定制造一颗原子弹所需裂变材料的准确数量。

另一个重要问题是从原矿石里分离出可裂变材料。美国人考虑用 3 种技术来提取铀-235：电磁分离法、扩散法和离心法。所有这些问题被汇总成一个科学报告上呈美国总统。报告还讨论了使用钚而不用铀以及在反应堆生成之后如何将钚分离出来的问题。这的确是一个重大项目，总成本预计超过 1 亿美元。

费米被指定主持核反应堆的所有工作，毫无疑问他是当时美国在中子和铀研究方面的绝对权威。同样重要的还有他在核物理理论和实验这两个领域的丰富经验。中子研究在当时是个新兴领域。除了费米之外，还有德国的维尔纳·海森堡和奥托·哈恩、当时已经在瑞典的莉泽·迈特纳以及其他很少几个科学家，大家从事中子辐射研究只不过几年，因此人们对中子行为的研究积累并不多。

费米对中子行为的“感觉”是独特的，甚至是超然的。不知什么原因，他是那么地理解中子，无论是对快中子（像宇宙辐射的粒子那么快）还

费米（图片源自网络“维基百科”）

是慢中子（以热物质中分子的速度那样移动），他总能在任何一个实验中、在统计误差范围内预测到将会发生什么。他总是先有通过计算得到的预言，而他的直觉最后几乎全部能被确认。

费米有在罗马的那些年领导研究团队的经验，加之他惊人的活力和友善的个性，他成了芝加哥团队完美的领导人。研究人员都忙碌在他的周围，读取实验结果，进行计算。每当听到正确的结果时，费米总是喜上眉梢。

在芝加哥大学开展中子性质研究的同时，政府还准备在美国其他地方建立原子研究设施。第一个核反应装置称为“堆”，将由费米和他冶金研究所的同事建造。其他的装置还将建在华盛顿州的汉福德、田纳西州的橡树岭以及后来成为曼哈顿计划中心的新墨西哥州的洛斯阿拉莫斯。这些后续反应堆的设计将参照费米团队在芝加哥大学的经验。

费米团队的任务是搞清楚如何维持铀的链式反应。在这个过程中，每一个铀原子裂变产生足够多的中子，而这些中子又可以继续触发遇到的其他铀原子核产生裂变。但如果每个核裂变产生的中子数量太少，则没有足够的中子维持链式过程。在这种情况下，一轮核分裂过后，新产生的中子数如果不足，反应将会停止。所以，芝加哥团队的目的是确定如果将足够的铀堆放在同一地点，反应是否能够维持一段时间。

世界上的第一个核反应堆——芝加哥堆——始建于 1942 年 10 月。费米团队的科学家们每天 24 小时分两班制工作，在芝加哥大学斯塔格足球场下面的地下室建造了一个半径为 3.09 米的椭圆状装置。又宽又厚的木制框架支撑着整个结构。反应堆被一个大型橡胶气球环围着。费米曾担心空气中的氮气会吸收核反应所需要的中子，气球的目的是移除反应堆内的空气，使堆内只剩铀和缓冲材料。后来发现气球是不必要的，就把它拆除了。

芝加哥大学斯塔格足球场附近（费米在地下室建造了世界上第一个核反应堆）

反应堆内部主要装有重达 6 吨的高纯度铀氧化物。最纯的铀被放在反应堆中间，而周边是混合物质。这样，堆中心产生的中子将以最大概率遇到铀原子核并使其发生分裂。

依照设计，缓冲由石墨块通过吸收多余的中子完成，从

世界上第一个核反应堆——“芝加哥一号堆”的草图

而使整个过程得到控制。如果没有缓冲，一旦堆里加入的铀太多，整个堆可能会发生核爆炸，或会产生过热使整体装置熔化，这一可怕后果 44 年后在切尔诺贝利确实发生了（还有 1979 年发生在宾夕法尼亚州的三哩岛核事故）。

反应堆里，铀和石墨中还插有镉条。镉是一种强烈的中子吸收剂，用来控制中子发射。镉棒可以在堆内降低或提升，通过改变它们的高度，科学家们就可以手动控制中子发射。在放置每一层材料之前，费米都做过计算。镉棒上附加一个木制手柄，可以在堆中移进或移出而不致暴露在太多的辐射之下。连接镉棒的手柄每晚被锁住，钥匙由费米的两个助手赫伯特 · 安德森和瓦尔特 · 津恩掌管。科学家们每天都测量辐射量——特别是堆内中子通量，进行计算之后决定是否需要提升镉棒，从而增加在堆内运动的中子的数量。这实际上是一个尝试性的操作：在理论计算之后，接下来就进行实验了。

当铀堆（或任何其他裂变材料）里的中子数呈指数增长时，将达到某一临界值。起初，堆内运动中子的数量随着提升吸收中子的镉棒缓慢地以线性规律增长。然后到达一点，中子数突然开始猛增，这就是链式反应达到自我维持的临界点。如果镉棒从那一点突然提升，链式反应将失控，因为反应太快，许多铀原子同时分裂，所产生的巨大热量及其他能量将导致爆炸或熔化反应堆。其中的诀窍在于控制棒慢慢地提升，不停地测量辐射量，从而确定临界点。

费米亲自细致地监督实验的所有方面。他的哥伦比亚大学团队的开创性工作以及他的同事们在欧洲的研究结果，使他确信链式反应必将发生。可他们是否能把足够多的铀弄在一起，真正产生链式反应，但又绝对不能过量，不然的话芝加哥将可能消失在核爆之中！

随着实验的进行，"神机妙算"的费米知道这个关键时刻将以高概率发生在 12 月 1 日夜间。费米要求那天夜里在反应堆值班的安德森，不要让反应堆进入临界点，而是等着他。当天亮的时候，费米知道反应堆即将进入临界点。控制棒被非常缓慢、非常小心地提升着，这将是历史上的一次最危险的实验。

1942 年 12 月 2 日上午，安德森在反应堆上方的控制区见到费米，告诉他实验的进展。他们慢慢地提升控制棒，一次 1 毫米，然后测量并仔细计算。费米用他的计算尺及纸和铅笔快速地做着中子流计算。已经非常接近临界点，但还没有完全达到。有 40 位冶金研究所的科学家聚集在反应堆周围，显然人人都很兴奋，大家都屏息等待激动人心的那一刻。

费米是个谨慎的人。他组织了一系列的应急准备，以便在反应堆过热或开始熔化或即将爆炸的情况下采取紧急措施。费米已将他特备的镉棒放到反应器顶部，用绳绑在反应堆容器上孔的上面，万一中子流量变得太强，出现紧急情况时，绳立即被割断，棒会掉进堆芯，反应速度将骤减，可以避免灾难发生。作为第二道紧急防备措施，费米还让工人备好了几桶镉盐溶液，随时准备倒在反应堆中以切断中子流。

那天的实验进行得十分顺利。中子通量和原子分裂持续朝着临界点增长。到了吃午饭的时间，他们继续提升控制棒，

费米团队的实验人员在操作控制棒

继续等待着。费米从来不错过午餐——即使是在他职业生涯里这次最重要的实验中。

下午 2 点 20 分，那一刻终于到来了。费米和实验组核心成员聚集在测量中子辐射强度的仪器前。在这个科学史上最激动人心的一刻，他们把镉棒提升了最后几毫米。霎时间，辐射计数器的点击声和示波器上的图形都清楚地显示地下发生了链式反应。爆炸没有发生。费米深深地呼出了一口气，脸上泛出笑容。在场的科学家、技术人员和工人情不自禁地爆发出掌声。

这次芝加哥堆产生的能量非常小，还不到 0.5 瓦（通常一个灯泡是 60 瓦）。为了避免产生放射性危险，链式反应仅允许持续了28分钟。随着反应堆的关闭，大家都跑了出去庆祝实验的成功。尤金·维格纳，这位后来的诺贝尔奖获得者，为此开了一瓶基安蒂酒。在这个历史性时刻，科学家们给政府核计划的一位负责人发了一条加密信息——“在刚刚，意大利航海家登上了新大陆”，报告使命已顺利完成。

美国芝加哥大学校园内关于实现首次原子核裂变链式反应的纪念碑文（摄于 2017 年 8 月）

费米实现了人类首例铀链式反应。由此人们确定，大量自发分裂的铀原子会释放巨大的能量，同时伴随着中子的释放。那一天，在芝加哥大学的足球体育场下面，科学取得了决定性的突破。

而大西洋彼岸即将做出一项重大决策。德国人对美国和英国准备研制原子弹毫不知晓。希特勒决定集中他的资源发展火箭来袭击伦敦，而没有把巨额资金继续耗在纳粹原子弹计划上面。

这个被称为佩内明德、旨在摧毁英国的计划由瓦尔特·多恩贝格尔将军领导，发展臭名昭著的 V-2 火箭。其技术总监是德国火箭科学家维尔纳·冯·布劳恩。这个人后来到了美国，在早期发展美国空间技术方面发挥了重要作用。

虽然盟军还没有意识到这个事实，但在发展原子弹的竞争中他们已经没有对手了。尽管海森堡那些人在海格洛赫的工作还在继续，但他们拿不到曼哈顿计划所拥有的那种巨大的财政支持。

芝加哥的科学家们还有许多工作要做，因为反应堆还不是原子弹。反应堆只是产生可控连锁反应的一堆铀，而构建原子弹是一项更为复杂的工程，为此他们还需要付出更大的努力。

1954 年的费米夫妇

（图片源自网络“维基百科”）

14 制造原子弹

随着链式反应可行性的确立，科学已经有能力回应希特勒对全球自由的挑战。然而，利用科学的力量去战胜凶残敌人的过程，最终也使人类自己对核武器产生了巨大恐惧。

正是通过曼哈顿计划，核武器从可能性变成了现实。曼哈顿计划是一个由美国主导的，涉及科学、技术、制造等诸多方面的庞大计划，目的是制造世界上首颗原子弹。加利福尼亚大学伯克利分校的物理学教授罗伯特·奥本海默（1904—1967）被政府指派来领导整个实验。奥本海默毕业于哈佛大学化学专业，曾在英国

1946 年的奥本海默

（图片源自网络“维基百科”）

剑桥大学做研究，在德国哥廷根大学获物理博士学位。

1942 年，奥本海默在伯克利召集了几位主要科学家，其中包括爱德华·泰勒（1908—2003）和汉斯·贝特（1906—2005）。他们探讨了原子弹的理论和技术方面的问题，并且就实际操作做了规划。

讨论的第一种设想是泰勒的建议，即利用氘产生热核爆炸。他们认为链式反应可以产生激波，释放的能量可以用外推法从常规设备释放的能量来定量估算。他们还讨论了其他想法，主要是英国的奥托·弗里施和鲁道夫·佩尔斯的理论工作以及与莫德委员会相关的工作。

他们很快就清醒地意识到，这项计划要求的工作量巨大，有必要形成一个专门组织机构以便开展所需的研究。这个机构包括链式反应的发源地芝加哥大学、卡内基研究所的地磁研究部、威斯康星大学、明尼苏达大学、斯坦福大学、普渡大学、康奈尔大学和加利福尼亚大学伯克利分校。曼哈顿计划指挥中心的所在地必须在保密、后勤、安全等方面满足特定的军事要求。奥本海默选择了洛斯阿拉莫斯农场学校，它位于新墨西哥沙漠的帕哈里高原，在圣达菲西北方向约 40 英里处。中心代号定为“Y 工厂”。

在生产原子弹这样一个大型工业化项目正式开始之前，曼哈顿计划首先需要回答一系列的科学问题。

科学家们已确定需要铀-235。虽然已经有了一些大概估计，可是一个铀-235 原子核裂变所产生的平均中子数目还不知道。这个关键参数将决定核爆炸是否能够实现。另一种方案是使用钚，可是钚反应产生的中子数目也不知道。因此，曼哈顿计划的理论与实验部门的主要任务之一就是科学测定铀-235 和钚裂变产生的平均中子数。

第二个关键科学问题是确定裂变谱，即铀和钚的链式反应产生的中子能量范围。相关的工作还有铀浓缩。铀浓缩那时正在明尼苏达大学进行，威斯康星大学和伯克利的埃米利奥·塞格雷小组已经研究了中子能量范围。要使物理上可行，他们还需要推进化学和冶金方面的研究，需要对铀的化学性质和冶金性能有进一步的理解。

最后他们必须找到一种方法，在特定时间里使铀或钚在装置中达到临界质量，从而产生爆炸。在这一环节，美军军械部介入了该项目。这些极其复杂的项目运作遍布于美国不同地方，其中，洛斯阿拉莫斯是指挥中心。

在曼哈顿计划中，整个国家最聪明的科学群体都在奥本海默的指挥之下，他们为制造实用原子弹这一目标聚在一起，攻克大量未知的科学和技术问题。这需要巨大的付出和巨额资金，要知道，美国当时在应对两线作战，军用物资需求极大。曼哈顿计划最终雇用了 13 万人，总投资 20 亿美元（相当于现在的 270 亿美元）。

洛斯阿拉莫斯的指挥系统非常复杂。整个项目由军方操控，由莱斯利·格罗夫斯将军（1896—1970）任总指挥，而科学家们则需要向首席科学家罗伯特·奥本海默报告。

物理学家诺曼·拉姆齐是总装部主任，负责将实验装置转换成可以实际操作的原子弹。拉姆齐说：“万一在洛斯阿拉莫斯出现了什么不对劲的事，我们有义务直接向战争部部长[①]汇报。虽然实际上证明这并不是必要的，但是奥本海默选择了这种模式，目的是当我们真的发现在洛斯阿拉莫斯有些事情需要做而没有做到的时候，必须让格罗夫斯感觉到一点压力。”据拉姆齐说，“格罗夫斯虽然是个军队工程师，他却很善于自我表现。”

制造原子弹确实是个非常独特的产业——这在美国军队历史上，或者在任何军队历史上都是从来没有过的。它被设定成一个独特的项目，而不是由若干个军队部门共同管理。对于一个通常的军队项目来说，一般由军械部负责弹药部分，运输军团负责运输部分，工兵部队负责工程部分，然后放在一起整合。但是对于这个截然不同的原子弹项目，罗斯福总统和战争部部长亨利·史汀生认为，现在时间是关键。如果按通常的做法来分配任务将导致进度缓慢。于是曼哈顿计划被设定成单一实体，所有事情都由

① 美国战争部是一个现在已经被废除的美国内阁单位，负责管辖美国陆军，在 1798 年美国海军部建立和 1947 年美国空军部建立之前，亦曾负责相关单位。1949 年更名为美国国防部——译者注。

格罗夫斯领导的“曼哈顿工程区”决定。用拉姆齐的话来说，曼哈顿工程区“几乎可以直接向战争部部长报告。因此不论从哪个方面来看，它已经超出了军方范围”。

当时美国战争部部长亨利·史汀生，格罗夫斯将军的直属上司（图片源自网络“维基百科”）

原子弹计划优先于所有其他项目。从归类上，这是个军事项目，但实际上它超越了战争，超越了军队，也超越了科学本身。谁第一个拥有原子弹，谁就会在全球冲突中获得胜利——无论他的敌人做什么，无论敌方部队有多么先进，无论有多少国家在敌方的掌控之下，也无论敌方拥有多大规模的常规武装。为了保证这个最优先和最高保密级别的项目能够顺利实施，格罗夫斯将军可以得到任何他想要的资源。

军械部为曼哈顿计划配备了专门的联络官，格罗夫斯可以打电话要他想要的任何东西：飞机、常规炸药、卡车、火车和各种设备。原子弹制造需要技能和设备以及各类专门知识，的确是历史上一个最为复杂的军事生产工程。所有的参与者都具有一种高度的使命感——他们在和时间赛跑，在和能力极限抗争，他们认为一切都取决于他们自己。参与者有一个共同理念，苦干再苦干，夜以继日地工作，一定要抢在纳粹前面造出这种终极武器。

格罗夫斯与奥本海默之间的关系非常复杂。指挥基地没有任何中间机构，只有科学家和军事人员。科学家都是奥本海默的人，军事人员则由格罗夫斯指挥，而奥本海默要向格罗夫斯汇报。

科学家们感到最不习惯的是这种军事化的生活。他们习惯于那种高校或研究机构的生活，在那里，他们可以做他们

为曼哈顿计划工作的美国橡树岭女工（图片源自网络“维基百科”）

自己想做的任何事情。可现在，他们在为一个绝密军事项目工作，这些科学家们必须向当局汇报一切，且工作要遵从严格的规定，并绝对保密。

科学家们（甚至包括居住在该地区的居民）不准向任何人透露他们住在洛斯阿拉莫斯。万一有紧急需要，他们只许说住在新墨西哥州，但是不许添加任何其他细节。他们不允许说出他们所在的实验室，也不许透露任何其他同事的名字。当然，他们更被严格禁止提及自己是化学家或物理学家。

洛斯阿拉莫斯到处都像军营：军事哨所无处不在，还驻有很多担负不同职责的警卫和士兵。人们可以享受到通常部队基地的待遇：食品供应丰富，尤其是高质量的食物，比如肉类，大部分食品和其他商品以及各种服务均由政府补贴，因此比其他地方便宜，但是也有很多缺点。科学家们及其配偶子女对这些统一造型的房子非常反感。这些房子类似于部队营房，一律被漆成了统一色调，建筑标准单调，毫无吸引力。军事规定也渗入日常生活的各个方面，包括房子里的取暖设备应该如何操作，导致房间经常过热。此外，洛斯阿拉莫斯的科学家们经常使用常规炸弹来测试不同天气条件和空气压力下的爆炸情况，以找出各种情况下炸弹的轨迹、爆炸的状况和产生的碎片等。洛斯阿拉莫斯由此成了“火城”。因炸弹导致的火灾在该地区非常频繁，军事当局决定烧掉周围大片的森林，以减少意外火灾的可能性。

军事审查制度令科学家们以及他们的家人深恶痛绝。据拉姆齐称，任何人从洛斯阿拉莫斯发出的每一封邮件都要被严格审查。这显然激怒了大部分科学家，特别是他们的配偶，因为有些人很喜欢拍照，照片需要寄出去冲洗。“如果你拍了照片，就不得不把照片送到一个基本上是由审查人员冲洗照片的地方，而这些人根本弄不好。结果有很多以前从来不会自己冲洗照片的人，现在不得不在洛斯阿拉莫斯自己动手，因为他们不希望把照片给完全毁了。”

当时在橡树岭的一块宣传牌，上面写着：“当你离开时，请将在此的一切所见、所做、所闻，都留在这里。”（图片源自网络“维基百科”）

习惯于自由思维、特立独行的科学家们不得不面对工作环境中众多的军事条例和军队日常管理方法。这些规定制造了不少特殊问题和麻烦。曼哈顿区工程的部门划分造成了时间上的严重浪费，因为在一个领域工作的人不允许知道任何其他领域在做的事情，不允许知道别人在项目上的进展和他们的需要。因此曼哈顿计划的科学家们即使有能力帮助其他领域的人，也被严禁这样做。

如果稍许降低一点项目内部的保密级别或减少各部门之间分工的细致程度，则很可能节省大量时间。拉姆齐举了一个例子。项目中有一个关键问题是同位素分离——即从铀矿石里提取所需的铀-235。不少洛斯阿拉莫斯外面的科学家都知道铀提纯还有另一种不同的方法。如果从普通铀矿开始大量分离铀-235，这种方法的效率不高。但如果混合物中的铀-235 已达到 50%这样一个水平，此时使用另外一种方法则比扩散法（在曼哈顿计划中使用的方法）更加有效。所以最合理的做法是使用通常的扩散法做早期处理，而在后期阶段使用另一种提纯方法。人们不禁想到，如果早点利用这种省时的步骤赶在纳粹投降之前就造出原子弹，让纳粹知道美国已经掌握了这种终极武器，或许可以挽救更多的生命。

拉姆齐坚决主张为了提高工作效率，一个工厂的科学家要到其他工厂去看看。可是僵硬的军事规定使得本来可以加快的过程变得盲目低效。

此外据拉姆齐回忆，格罗夫斯将军坚持他在整个运作中每个环节上的绝对指挥权。奥本海默认为格罗夫斯“在某种意义上往往不能坦诚对待各个实验室负责人。他这么做从长远来看有其目的。格罗夫斯经常故意发给洛斯阿拉莫斯关于橡树岭那边工作进展的一种过分乐观的报告”。为达到目的，格罗夫斯不会让洛斯阿拉莫斯的人去橡树岭，因为如果有人去了那里，就可能发现这个实验室的生产计划实际上进展很慢。同样地，格罗夫斯也给在橡树岭的人发那种“夸大其词的报告，宣传洛斯阿拉莫斯的工作进展迅速。我认为，一个

格罗夫斯将军 1945 年 8 月在橡树岭讲话（图片源自网络“维基百科”）

很明显的目的是他利用这种方式激励两个实验室的人都去努力工作，好把事情做得更快。他试图让每个实验室都认为自己是个拖后腿的瓶颈”。

可是这种做法让科学家们感到愤怒，因为上级剥夺了他们对重要信息的知情权。经过一段时间之后，科学家们都知道他们得到的信息往往不是完全真实和完整的。

作为一个如此复杂的工程的领导人，格罗夫斯确实有很多特长。如采购飞机，洛斯阿拉莫斯的科学家们需要在很短时间内购买飞机来进行投掷炸弹测试——要知道，在战时，每架飞机都是宝贵的。可是对于科学家们来说，格罗夫斯的缺点是个严重的问题。拉姆齐抱怨道：“非常糟糕的是他常常令他手下的科学家们不愉快。我认为这在和平年代非常不好；在战时条件下，这种恶劣的影响可能不会那么突出，但我觉得没有几个科学家对他有过好感。”

曼哈顿计划的科学家开始着手进行一种炸弹设计，他们称之为“枪式设计”。这种设计由一支长管枪构成，要求对运载原子弹的 B-29 轰炸机进行重大改进。B-29 轰炸机一般有一前一后两个弹舱，这种“枪”将从飞机后方的炸弹舱延伸到前台的炸弹舱。所以科学家计划在 B-29 轰炸机上设计制造一个长的炸弹舱，而不是分开的两个。

随着工作的进展，设计原子弹的科学家发现还有另外一种办法。枪式设计把一块处于亚临界状态的核材料放置在枪口的一端，而枪管的另一端也放有一块亚临界的核材料。一旦开火，后面的那块将被推向枪口，与枪口的那块合成一块总质量超过临界状态的铀-235 材料——也就是说，其总质量超过实现链式反应的要求，因此能够引爆原子弹。可是数学家约翰·冯·诺伊曼向科学家们展示了第二种可行的设计。如果使一块亚临界的可裂变材料发生内爆，大意是先使放置在它四周的炸药爆炸，从而向内推挤核原料，使之达到临界，产生核爆。

1945 年初，位于华盛顿州的汉福德核工厂开始生产用于原子弹的高质量钚，同时田纳西州橡树岭的核设施也大量生产高纯度的铀-235。这两个地方生产的核材料被送往洛斯阿拉莫斯，在那里，这两种不同的核材料被用来制成两种炸弹：铀-235 用于枪式原子弹，钚用于内爆式原子弹。

在洛斯阿拉莫斯，这两条轨道同时进行：一条生产枪式原子弹，另一条生产内爆式原子弹。由于需要根据两种原子弹不同的形状和特点去改建 B-29 飞机，两套设计各有相应的代码，以便于科学家们和空军交流。

科学家们选择代码的时候考虑要让任何窃听者产生一种误解，以为他们和空军部队的电话交流是在谈论美国总统和英国首相会面前的筹备工作。拉姆齐回忆道："他们决定将一枚炸弹称为'高个子'，让人觉得这是在说罗斯福先生。另一个称为'胖子'，好像是指丘吉尔先生。这两个代码就成为他们内部对炸弹的称呼。”于是“胖子”和“高个子”就成了空军内部的标准用语。

设计“高个子”的科学家们发现，可以把这种炸弹造得更短一些。他们通过研究发现，炸弹的两个亚临界部分不需要距离太远。于是他们改进了枪式炸弹的设计，使总体尽可能短，以适合放在轰炸机的单一炸弹舱内。这是一个重大改进，因为它大大降低了对 B-29 轰炸机的要求，只需要对轰炸机做些小的改造。

于是“高个子”这个名字就不恰当了。所以洛斯阿拉莫斯的科学家们给枪式原子弹重新起了个代号：小男孩。所以曼哈顿计划研发的两颗原子弹分别命名为“胖子”和“小男孩”，缩写为 FM 模式和 LB 模式。两种模式的原子弹各造了 50 多枚，还有几十枚过时的早期版本的高个子模式。其中有一些只是没有装填核材料的空壳，还有一些装的是常规炸药。这些炸弹由飞机从不同高度投下，供人们研究它们的弹道特性。

两种炸弹设计完成后通过了飞行测试，汉福德和橡树岭的工厂已经制备了足够的核材料，这时洛斯阿拉莫斯的科学家们可以开始试验了。同时，有一些科学家准备去南太平洋马里亚纳群岛的提尼安岛，因为攻击日本的核武器运输机将从那里起飞。

早在原子弹制造完成的几个月前，1945年2月，提尼安岛已经被选定作为对日本核打击的基地。现已解密的一份日期是2月24日的最高机密文件中说，美国海军部长F.L.阿什沃思通告莱斯利·格罗夫斯将军一项决定，负责开展对日本核打击的第509集团军的驻扎基地选定为提尼安岛，而不是关岛或其他美国领土。他写道：

“提尼安岛位于关岛以北125英里，东京东南1 450英里处，约10英里长，3英里宽，地形起伏。在我们占领这个岛之前，岛上约95%的面积种植甘蔗。提尼安岛有两个主要机场，北机场和西机场。北机场比较大，迎着常见的东向风，有4个8 500英尺长的着陆带……预计，决定将很快做出并传达到前方，以便开始建设，使提尼安岛在1945年6月第509集团军抵达前做好一切准备。”

据另一份于1945年5月29日发给旧金山XXI轰炸机指挥部指挥官的最高机密文件（1974年解密），第509集团军已经在1944年12月集结完毕并开始活动，“一旦炸弹制造完成，（他们）将在阿诺德将军的指挥下负责运送某些特殊炸弹，预计首批炸弹将在1945年8月交付”。

原子弹造好之后，为了节省时间，洛斯阿拉莫斯的人分成两组平行工作：一些科学家作为原子弹专家去了提尼安岛，提供技术帮助及做好军事方面的准备。另一组人则留下来参加首次核试验并负责监测。如果试验成功，则美国将在短期内用原子弹打击日本。计划是：如果托立尼提（新墨西哥州第一次核试验地点的代号）出了问题，那么同样的问题也会出现在提尼安岛，提尼安岛就是对日本发动攻击之前组装原子弹的地方。在提尼安岛的科学家团队马上会在现场解决问题，因此不会造成任何耽搁。

这时在托立尼提出现了一个严重问题：过热导致弹体增大而无法放入弹壳。变热原因是弹体内放射性物质的量太大而自然产生了大量的热能（虽然它们仍处于亚临界状态）。辐射产生热，就如同在核反应堆中那样，只不过在反应堆里这种情况更严重。科学家们只好设法将弹体加以冷却，使它能够顺利放入弹壳。所有这些问题很快都解决了，炸弹准备就绪，随时待命。

托立尼提的一切准备工作已经完成，首颗原子弹随时可以试爆。不料这时天气却不配合。曼哈顿计划雇用了美国最好的气象预报员，他们预测在托立尼提附近一个沙漠地带将出现晴朗的天气，该地带位于新墨西哥州的小镇阿拉莫戈多北面约 50 英里。7 月 16 日是选定的原子弹试验日期，但 7 月 15 日全天一直到 7 月 16 日凌晨，天气都是阴雨天。科学家们只能等待天气放晴，否则他们观测不到爆炸过程。此外，飞行员需要驾驶飞机在原子弹爆炸时适时拍照并进行测量。凌晨 4 点的时候，雨终于停了，云开雾散。

即便天气变好了，对飞行员 W.S.帕森斯来说还是有问题。

帕森斯驾驶 B-29 飞机不仅是为了从空中观察和拍摄试验，还需要测试原子弹爆炸时的冲击对飞机的影响。这类信息对提尼安岛和广岛都非常需要。可是，上面久久不散的云层影响了计划。若要观测，他必须位于云层上方 200 英里以上，可是如果这样的话，他将无法知道爆炸对 B-29 的冲击影响。不过随着几次短暂的推迟，托立尼提原子弹试验的那一时刻终于到来了。

一颗装有钚的“胖子”内爆型原子弹放置在爆炸中心处的塔顶上。科学家和军事人员分组从距爆炸中心不同距离的地方观察试验。奥本海默和其他主要科学家位于离炸弹 10 英里的指挥部，而格罗夫斯将军和一些军事观察员则在约 15 英里外的另一位置。诺曼·拉姆齐和恩里科·费米在一边观看试验，伊西多·拉比在另一边。拉姆齐回忆说：“我们有十几个人在一条田埂前站成一排，戴着发给我们的那种电焊工用的防护眼镜。他们告诉我们，爆炸时应该戴着防护眼镜朝相反方向看。我原以为距离太远了，担心什么也看不到，可后来发现不是那样。”

投放在日本长崎的原子弹“胖子”的模型

1945年7月16日凌晨5点29分，美国爆炸了第一颗原子弹。奥本海默后来回忆，在试验场看到的蘑菇烟云让他想起了印度神话《博伽梵歌》，其中一个多臂三相神毗湿奴说："现在我已经成为死神，是世界的毁灭者。"奥本海默知道，从此以后这个世界要变了。当他离开控制室的时候，哈佛大学的物理学家肯尼思·班布里奇对他说："现在，我们都成了混蛋。"

托立尼提的首次原子弹试验画面
（图片源自网络"维基百科"）

然而这种感觉并不是普遍存在的。战争时期迫于压力参与研制原子弹，不同的科学家对自己的所作所为以及造成的后果的看法各有不同。科学家戴着防护镜，亲临历史上的首次核爆，目睹了一个令人震撼的场面。

观看首次核爆的人多是通过视觉感到震撼，而不是通过声音和其他。拉姆齐这样描述核爆："你可以从相反的方向首先看到强光，然后你慢慢地转过身来，透过防护眼镜直接看，"他继续说道，"我最清楚的是视觉上的记忆。最令我惊讶的是透过防护眼镜看相反的方向，远处的山头看上去全部灯火辉煌。朝着爆炸的方向你只能慢慢转身慢慢地看，因为面对那种强光，转身过快不安全。我花了很长时间最后才看见了形成的火球。再说一遍，我记得光是蓝白色的。”拉姆齐描述了令人震惊的经历：“最终火球变得通红。当我们拿掉眼镜直接看过去时，景象非常难看，那个著名的火球看起来比在电影里见到的还要难看。接着火球上升形成一团蘑菇云。我不知道我们是否期望看到大片云雾的效果，之后人们开始担心这些云向何处漂移。”

冲击波从爆炸中心传过来，把现场人们的裤子都吹得起了褶皱。强烈的辐射导致空气中分子电离，使天空映出紫色。人们首先看到了火球，因为光和辐射的传播极快，几分钟后，伴随着冲击波，人们听到了疾风的声音。

在试验前的紧张时刻，科学家们谈论的主要是试验能否成功。以前从来没有人引爆过真正的原子弹，他们做过的只是理论计算，还有就是用低强度实验得出的中子通量强度外推得到的结果。

有个人看似外表平静，但很显然对实验非常兴奋。这个人就是恩里科·费米。当那个比午时的太阳还强烈的火球照亮整个天空时，费米开始用手撕小纸片。他在做一个非常简单但巧妙的实验——这是他典型的工作方式。空气相当平静，撕碎的纸片朝着地面方向落下。费米知道他们所在的位置离爆炸中心 10 英里，可能会出现强大的冲击波，而他希望能借此来估计冲击波的强度。纸片不断地落到地上。过了一会儿，当强劲的疾风抵达时，费米根据纸片再次落下后与他之间的距离估计了冲击波的强度，计算精度好得出乎意料。这种优雅的实验不妨称之为“费米估计”，用这种粗略估算往往可以非常简单地抓住物理或数学问题的实质，为复杂问题提供一个大致的答案。

爆炸结束后，一直离爆炸中心最近的奥本海默一行人和另外的人会合，其中有格罗夫斯将军。他们都担心爆炸后的放射性。一旦他们估计到云的漂移方位，底部装有特殊铅辐射防护的部队坦克就会被派往那里，收集含有放射性的泥土样本。几周以后，科学家在爆炸地点发现了由于受热而形成的玻璃状物质，里面含有大量放射性物质。后来，爆炸弹坑用含有放射性碎片的泥土填平。

奥本海默和格罗夫斯将军在托立尼提的首次原子弹爆炸试验现场（图片源自网络“维基百科”）

奥本海默，这个在整个过程中肩负重任的人，由于过度紧张已不能自己开车了。他们前一天夜里就到了试验现场，观看了黎明前的爆炸和爆炸后的余波。所以在中午时分，由诺曼·拉姆齐开车送奥本海默（他是自己开车过来的）和伊西多·拉比两人回洛斯阿拉莫斯。高度紧张之后，人人都感到精疲力竭。返回的路上，再没有人谈论他们刚刚目睹过的场面，人人只专注车外的大漠风光。

7 月 17 日，乔治 ·L. 哈里森，当时是战争部部长亨利 ·史汀生分管曼哈顿计划的一位助手，给他的上司发送了一份被列为最高机密的电报（现已解密，存放在乔治·华盛顿大学的国家安全档案里）。上面写道：

战争 33556

哈里森向战争部部长报告

医生刚回来，确信小男孩和他的大哥一样健壮。他眼睛里的光芒从这里到高地都能辨别到。从我这里到我的农场都能听见他的叫声。

完毕

这封电报是托立尼提核试验成功的报告。“小男孩”是指还没有进行过试验的枪式铀弹；“大哥”指已经试爆的胖子炸弹（钚内爆式）；“从这里到高地”的“这里”意思是华盛顿特区，“高地”是指史汀生在长岛的房产，在这句话里指的是距离爆炸中心 250 英里的地方；“我的农场”是指哈里森在弗吉尼亚州阿珀维尔的农场，距离华盛顿 50 英里，这意味着爆炸声（他的叫声）可以传到50英里以外。哈里森的这个加密电报看起来像是在说他的私人事情，可能效仿了格罗夫斯将军给华盛顿哈里森发电报的那种写法。

接着在7月18日，格罗夫斯本人也向战争部部长发了绝密备忘录。这是一份在 2005 年已经解密的文件，可是仍被视为21世纪的机密，部分内容还被抹掉。这份文件部分转载如下：

战争部

华盛顿

最高机密

给战争部部长的备忘录

主题：核试验

（1）这不是一份简明、正式的军事报告。如果我刚从新墨西哥州返回的时候您正在这儿，这都是我一定会向您讲述的事情。

（2）1945 年 7 月 16 日 5 点 30 分，在阿拉莫戈多空军基地的一个偏僻地方，内爆型核裂变原子弹首次试验成功。这是历史上的首次核爆，是多么壮观的一次爆炸啊！[其后的两行半被删除]炸弹不是从飞机上扔下来的，而是放在一个 100 英尺高的钢塔顶端平台上引爆的。

（3）试验的成功超出了人们最乐观的预期。根据目前的数据，我估计产生的能量要超过相当于 15 000～20 000 吨的TNT；这还是一个保守的估计。尚未发布的能量测量数据可能将比这个保守估计提高几倍。爆炸效果是巨大的。在半径为20英里的范围内，闪光持续了一段短时间，亮度相当于好几个午时的太阳；形成的巨大火球持续了几秒钟。火球消失前变成了蘑菇形，上升到10 000英尺的高空。爆炸的闪光从阿尔伯克基、圣达菲、白银市、埃尔帕索，以及100英里开外的其他地方都清晰可辨。

这份长达 13 页的备忘录详细记载了爆炸的各项技术信息，包括声强及传播距离、爆炸闪光与通常光的比较、不同的3次闪光（如同来自广岛的后续报道）、核云升空的过程以及对不同地点的破坏程度。格罗夫斯在他的文件里引用了陆军准将托马斯·法雷尔的话，其中谈到了科学家们对此的反应。法雷尔说原子弹已不再仅仅是一个理论构想，它已经成为现实。美国现在有了这种“确保（战争）迅速结束、拯救美国人生命的手段”。最后的这句话从此以后成了支持者们的口号，他们义无反顾地支持新墨西哥沙漠的这场决定性试验之后发生的那些事情。

15 投放原子弹的决策

在第二次世界大战结束之际，美国在广岛和长崎投放两颗原子弹的决策无疑是历史上一次最具争议的行为。在洛斯阿拉莫斯工作的科学家们都听说了 1945 年 8 月 6 日那天对广岛的原子弹打击，但是对于仅 3 天之后在长崎扔下的第二颗原子弹，有些人感到非常意外。埃莉诺·热特的丈夫埃里克·热特当时在洛斯阿拉莫斯为曼哈顿计划工作。埃莉诺回忆说："本地新闻对第二颗原子弹的报道传播得很慢，矛盾的说法使人困惑。"

许多参与曼哈顿计划的科学家们对自己帮助释放原子弹这个妖魔表示了不同程度的后悔。爱因斯坦是以他那个著名公式使这一切（核武器和民用核能发电）成为可能的人，也是曾致函罗斯福总统敦促启动核研究以对付德国原子计划的人，现在也极力撇清自己与原子核发展以及曼哈顿计划的关系。

可是在托立尼提进行核试验的时候，纳粹的威胁已经过去了两个月。据说爱因斯坦在战后常说："我要是早知道德国人最后没能成功造出原子弹的话，当时就不会动手写那封信。”

为什么不能用它来进行震慑，而是在 3 天之内真的把两颗原子弹投向日本？许多人相信，如果日本人亲眼看见了托立尼提核试验，他们或许选择投降。但也有些人认为，在 1945 年 4 月到 6 月冲绳的那次激战中，双方都遭到了重创，可即便那样日本都坚持不投降，那么不给点更严厉的打击日本是绝不会投降的。

在广岛原子弹爆炸之前的 1945 年 6 月，从希特勒德国逃到美国的犹太物理学家詹姆斯 · 弗兰克以及在他手下的部分芝加哥大学冶金实验室的科学家们就曾写信给美国政府，强烈要求不对日本使用原子弹，而是在沙漠或无人岛屿实施爆炸向日本领导人展示原子弹的威力。这份被称为弗兰克报告的文件是在 1945 年 6 月 11 日完成的。6 月 12 日，冶金实验室主任阿瑟 · 康普顿代表实验室“主要成员”把这份报告递交给战争部部长亨利 · 史汀生。康普顿总结说：“这份备忘录的重点是考虑把原子弹作为一种长期政策，而不是用在这场战争中来显示军事优势。作为一种战争手段，核武器应该在国际上受到控制，建议把它作为一种科技上的展示，而不是军事上的威胁，同时希望为美国倡导的通过国际协定禁止军事使用原子弹的提议铺平道路，”报告继续说，“当然，我注意到这里面缺少两点重要考虑：①这个新武器不通过一次军事展示的话，可能将导致战争时间拖长而牺牲更多的宝贵生命；

②不通过一次军事展示可能不会使这个世界觉醒，懂得为实现长期和平需要民族牺牲。”

利奥·西拉德是最早知道铀裂变链式反应可行性的科学家之一。由于惧怕纳粹率先造出原子弹，他曾经积极参与了曼哈顿计划。

然而到了 1945 年春天，欧洲战局的结果已经变得很明显，纳粹将很快失败。从那个时候起，西拉德就开始想：“我们继续发展原子弹的目的是什么？如果对日战争结束之前真的造出了原子弹，那么我们将如何决策？”

西拉德感觉到隐藏在科学背后的政治，他决定出手干预。首先他准备向罗斯福总统请愿，表达他反对使用原子弹的意见。阿尔伯特·爱因斯坦给西拉德写了一封介绍信，让西拉德转交给总统夫人埃莉诺·罗斯福。罗斯福夫人约定在 1945 年 5 月 8 日和他会面。西拉德打算届时当面呈交这封信，请她转交给她的丈夫。谁知在这次会面之前，1945 年 4 月 12 日，罗斯福总统逝世。西拉德未能如愿递交这封关于反对使用原子弹的信。

杜鲁门上台后，西拉德面临更大困难，因为他没有任何渠道接触这位新总统。尽管如此他还是去了白宫。杜鲁门的秘书马特·康奈利告诉他，他应该先预约当时在南卡罗来纳州的詹姆斯·伯恩斯，因为此人即将出任国务卿。于是西拉德从华盛顿乘火车去了一趟南卡罗来纳州的斯帕坦堡。在将信呈交给杜鲁门之前，伯恩斯要先行对信进行核查。西拉德告诉他为什么写这封信，并且解释说，一旦美国把原子弹用在日本，将很可能把苏联拖入一场与美国之间的核竞赛。

伯恩斯回答说，曼哈顿计划的负责人莱斯利·格罗夫斯将军曾经告诉过他“苏联没有铀”。当然这是非常荒谬的。伯恩斯说他认为美国用原子武器打击日本同时也是向苏联施加压力，迫使苏联战后从东欧国家撤军。西拉德不同意这个观点。伯恩斯对他说，你作为一个匈牙利人，应当不想让苏联永远占据你的祖国。伯恩斯所坚持的正是当时美国对苏联政府的构想——这种思维在后来近五十年的冷战时期都没有改变。为了阻止对日本使用原子弹，西拉德接着又去找了奥本海默，可是仍然没有成功。奥本海默认为使用原子弹已不可避免，但是美国在使用之前应该告知苏联（以及英国、法国和中国）。

当格罗夫斯发现西拉德把一份他认为秘密的文件给了伯恩斯，十分恼火。为了安抚他，参与曼哈顿计划的芝加哥冶金实验室决定由一个组织来解释西拉德的信，从而形成了以詹姆斯·弗兰克为首的那个委员会。根据记载，该委员会建议将原子弹用来向日本展示威力，而不是真正使用。

在弗兰克报告之后，西拉德修改了他的请愿书。有 53 位芝加哥科学家在第一版本上签了名，第二版本又增加了 15 个签名。西拉德打算在 1945 年 7 月将请愿书呈交杜鲁门总统。

请愿书呼吁总统在展示其威力之前不要轻易向人类使用原子弹。请愿书希望日本能够投降，以避免美国真正动用原子弹。一些人主张应该通过正规渠道向上呈递，而不应该越级呈交，西拉德同意这个意见。于是他把请愿书交给格罗夫斯将军的助手尼科尔斯上校，希望通过他把它呈递给总统。但杜鲁门当时已经在波茨坦，准备向日本发出立即无条件投降的最后通牒。也许那份请愿书一直没有送到总统的手中。实际上，当 8 月 6 日原子弹从广岛上空投下时，杜鲁门还没有回到华盛顿。

即使西拉德的这份请愿书没有一路畅通地呈递给美国总统，可是还有其他几个版本的请愿书被多次呈交过，因此总统不太可能无视这么多曾帮助制造原子弹以保卫国家的科学家们的请求，在没有任何预警的情况下将原子弹用于无辜平民。然而，美国政府一直对西拉德的请愿书保密，直到 1961 年才解密。那一年，在迈克·华莱士的一次电视采访中，利奥·西拉德说他早已意识到了原子弹的巨大威力，这就是为什么他敦促爱因斯坦写那封著名的信给罗斯福，建议美国立即发展自己的原子弹计划的原因。西拉德告诉华莱士："如果希特勒有了原子弹而我们没有，希特勒定会迫胁我们投降。"然而在费米的芝加哥团队于 1941 年 12 月 2 日成功实现链式反应后，西拉德曾对费米说："我认为这一天将成为人类历史上黑色的一天。"他说他可以理解由于纳粹的原子弹计划，美国在研制原子弹这件事情上没有更多的选择余地。西拉德说：“我们不得不制造原子弹，可是在德国投降以前，我们并没有认真讨论过这项研究带来的后果。德国投降后我们才力图行使科学家的责任，说服政府不要对日本使用原子弹。一直到1945年的春天，关于发展原子弹后果的讨论很少，几乎为零。”西拉德断言说，如果美国将原子弹扔在德国，他会有同样的感觉。“我不认为我们中的任何人憎恨德国人，”他说，“当然我们反对纳粹主义，但大多数德国人是我们的朋友。”

西拉德肯定地说，他认为美国没有理由占领日本本土或用原子弹打击日本的城市。根据他的解释，日本的问题是美国要求其无条件投降。但美国不可能同意双方通过谈判而停战，日本只能“无条件投降”。“我们知道，日本也祈求和平，”他告诉华莱士，“参与制造原子弹的人，那些跟我合作过的人，我相信有 95%的人同意我这个观点。我应该做的是让罗斯福也同意，但就在那个时候他去世了……”西拉德悔恨他找不到一个合适渠道直接跟新总统对话，而他和他的同事们都觉得这是必要的。西拉德感觉到，可能总统猜到了有人试图和他联系，因此把他们推向即将成为国务卿的伯恩斯。但是和伯恩斯的接触并没有取得任何成效。“在所有的努力都失败之后，我起草了一份请愿书，并得到了我的 60 个同事的署名。我们通过各种渠道向上呈递，但是我们不知道它是否被成功交付过。伯恩斯不明白这中间意味着什么，他以为原子弹只不过是武器的一种。”

据西拉德对迈克·华莱士所说的，杜鲁门政府希望使用原子弹是因为很多钱已经花在这个项目上了，所以军方决定投放原子弹。他说：“虽然当时我们的确只有两颗原子弹，可是不久以后我们就造出了许多，因此全是哑弹的概率很小。”西拉德深信，奥本海默认为一旦造出了原子弹，军队就要用它，这是很显然的。奥本海默本人对这种可能持有保留意见。西拉德说：“我知道奥本海默认为我们不应该不告诉苏联就投下炸弹，但我想，他知道，如果要他站出来反对使用炸弹的话，那是根本不可能的。”在电视采访结束时，西拉德再次强调了自己对轰炸广岛和长崎决策的看法。他说：“我不认为我们用原子弹赢得了胜利，其实我们一事无成！”

诺里斯·埃德文·布雷德伯里是加州大学伯克利分校的一位参与研究原子弹的物理学家，后来接替罗伯特·奥本海默领导洛斯阿拉莫斯国家实验室。他回顾说，他们在那个时候做的都是“视野狭隘”的事情——对于这件事，他们主要关心的是把它做好。布雷德伯里说他当时关心的主要是确保托立尼提试验成功。他在 1976 年的一次采访中说：“不错，托立尼提试验是成功了。可接着呢？每个人都会问你‘炸弹爆炸的时候你怎么想？’你弄出了个大……地狱，你只能说，‘感谢上帝，这该死的事终于完成了！’你还能说什么？”

克莱德·威甘德是洛斯阿拉莫斯的一位科学家。在一次采访中，当被问到关于托立尼提试验后的感受时，他说："我不记得有任何特殊感受，尽管看到了那样一个震慑人心的画面，或者可以说是令人恐惧的画面。我想也许是因为我们早预料到它就是这样的。"当他被问到对轰炸广岛和长崎这个决策的看法时，他回答说："我们被多次问到一个问题，就是参与了这项工作以后怎样面对自己。但我认为这只是一个时间问题。从科学角度看，你把一些铀或钚以某种方式进行处理，一颗原子弹就做成了。剩下的都不是我们所能控制的，也不可能发表任何意见。"当被要求评论轰炸日本的理由以及被问及科学家对曼哈顿计划的感受时，他补充说："有一点需要记住，很多在洛斯阿拉莫斯工作的人都有亲戚在战争中丧生，或被囚禁在东方或欧洲的监狱，所以这与你在和平时期的感受完全不一样。我不赞同对平民使用这种武器，我不能明白这样做的理由。也许我们不该在采访中讨论这类问题。只是美国何以满世界地谈论道德，而实际上在有了这个武器的几天后做的第一件事就是把它扔向平民。"

当被问及这是否是他预料之外的事时，他回答道："不，不，我们预料到了。嗯，我认为我们都知道。怎么说呢？只能相信和接受这个现实。虽然在最后一分钟我们还在谈论威慑的办法，但并没有真的用上。我清楚地记得我周围的人和事态的发展，我认为我们都无法想象到最后会是那种景象。"威甘德解释说，科学家们都知道军方已经提前做好了所有准备——甚至在托立尼提原子弹试验之前。美国早已决心对日本使用原子弹：执行任务的飞机已经被派往提尼安岛，原子弹组件也都通过海路或空运秘密送到了那里，一切都已准备就绪。托立尼提试验只是为了确保设备工作正常，而并不是进行了试验以后才决定是否使用它。轰炸日本在几个月之前就已经决定，不会改变。

威甘德回忆道："原子弹试验后的一个早晨，我在营地遇到奥本海默朝我走来，他停下来说，'克莱德，我们要对日本城市用上一些。'"

当节目主持人向威甘德问及如何看待威慑的办法，如邀请日本将领们参观海洋中被原子弹炸坏的战舰时，威甘德回答："嗯，可是你毕竟一直在训练轰炸机组人员，已经有几个月了，他们天天在做模仿轰炸训练，完全是在做打击的准备。所以我认为原子弹攻击早已箭在弦上，除非杜鲁门说不。"

但杜鲁门总统没有说不，结果广岛和长崎被彻底摧毁了。一切都很清楚，曾经参与原子弹项目的科学家们反对把他们造的武器用于平民，但是他们的这些要求根本没有被正视。

诺里斯·布雷德伯里也是一名科学家，但是他的感受不一样。在 1976 年的一次采访中，当被问及广岛和长崎爆炸是否改变了他对原子弹问题的看法时，他回答说："我想说……没有。你看……你要看看我都参与干了些什么，这些基本上都是我的责任。我没有直接制造这些东西（扔在广岛和长崎的原子弹），可是关系很密切。如果炸弹没扔下来，我不会觉得我有错，我们只不过做了所有我们能想到的，以确保没有问题。当然，我们从不在飞行中测试这些东西。”他的观点是，科学家们所关心的是做好自己的事，确保他们的炸弹成功。至于原子弹会杀害成千上万平民的道义问题，也许他们根本没有时间思考，或认为这不是他们该思考的。有关日本部队的调动、日本政府的决定以及太平洋战争的局势，科学家们没有政府的那些信息。

布雷德伯里继续说：“我不知道究竟有多少人坐在那儿为日本人叫屈，当然，以前有许多关于他们的侵略计划、海军参与太平洋战争、日本人的残暴行为等传闻。我想在这一点上我们不要考虑对日本的仁慈；他们已经非常残忍地对待了我们，在檀香山、珍珠港……我们没有必要对他们抱有同情心。”

布雷德伯里还被问及，是否在托立尼提核试验之前，洛斯阿拉莫斯的科学家们认为不应该使用原子弹。布雷德伯里怀疑这类说法的真诚性。他说：“哦，坦率地说，我不知道这算不算是马后炮。我从来没有听到这里有过这类讨论。”当采访人继续向布雷德伯里施压，追问那时是否有反对使用原子弹的人找过他的时候，布雷德伯里回答说：“不，我记得不是那样。不管怎么说，他们不会接近我这种穿制服的人，也许……我发誓你在名单上找不到任何穿制服的人，无论他们是什么人。”

约翰·H. 曼利是一位先在芝加哥冶金实验室和费米一

起工作，后来到洛斯阿拉莫斯工作的物理学家，当被问及当时他对向日本扔原子弹产生的影响有什么看法时，他是这样说的："我认为，我是做了，这你知道。过去的事总不能重新再来。可是我们确实有些讨论，虽不是很多。我认为最主要的，给我的印象是这里（指洛斯阿拉莫斯，采访当时是在那里进行的）多数人非常希望参与其中的工作，这场战争太可怕了。我认为这是支撑我们的动力。我也关注到很多其他事情，例如弗兰克建议和芝加哥的西拉德请愿书等，都不很现实。我认为原子弹应该在战争中使用。按照通常的理解，我觉得它挽救了很多生命，包括日本人和美国人。但我想你们都知道，当然我也知道，它完全彻底地改变了战争，这是毫无疑问的。"

关于参与曼哈顿计划的科学家是否就轰炸日本的决策曾有过广泛讨论这个问题，一直是科学史上人们非常感兴趣的问题之一。负责提尼安岛原子弹总装的诺曼·拉姆齐说："有过讨论，有过不同的讨论，多少取决于当时的局势。其实从某种意义上来说，现在回过头来看，在洛斯阿拉莫斯的讨论远比想象的要少，远比现在有些人觉得应该讨论的要少得多。"科学家们在曼哈顿计划中的角色和地位似乎决定了他们参与讨论的程度。拉姆齐说："有几种情况使洛斯阿拉莫斯的讨论很少。首先洛斯阿拉莫斯直到最后一分钟都在疲于奔命。我想，在其他地方有过更多的讨论，但不在洛斯阿拉莫斯，特别是有些地方工作已经完成了，他们在等待，然后开始思考后果。"拉姆齐接着说："托立尼提试验对洛斯阿拉莫斯的讨论产生了影响。托立尼提试验之后，我离开洛斯阿拉莫斯去了提尼安岛，据我所知，紧接着托立尼提试验后的几周内，在其他任务完成之后，洛斯阿拉莫斯对这个问题有过相当多的讨论。"

其实在广岛投原子弹之前，美国的常规轰炸就已经重创了日本。每个星期大约有 20 000 吨的炸药扔向日本。洛斯阿拉莫斯估计的原子弹的当量在 18 000～20 000 吨 TNT 这个范围，后来证明这是很准确的。一些科学家由此认为，他们生产的原子弹在威力方面和一直在对日战争中所使用的常规武器并没有很大的不同。原子弹只是给美国提供了一种军事手段，扔下一颗相当于用在一周内的炸药数量。这可以简单地被视为提高正常轰炸行动的效率。其实当时人们可能还不明白核武器背后的威力——它将远远超出这种用 TNT 吨位的简单估计。

据拉姆齐回忆，洛斯阿拉莫斯的科学家们讨论的多是围绕着找到一种最有效的武器来结束这场战争的问题。他回顾说，他有一个同事甚至严肃地建议应该等到美国有了 10 颗原子弹，然后一次性地扔向日本，以制造更大的杀伤力。如果日本人还不投降，下一步将有 100 颗原子弹等着它，如此等等。"我们将以 10 倍的数字增加原子弹，在一段时间内这将产生数量级上的差异，从而产生足够大的震慑以结束这场战争。我相信换到今天，他（这位曾提出此建议的科学家）可能不再这样认为，但这在某种意义上表明了一种观点。"这听起来很可怕，但是考虑到战争的最后几周内的常规炸药轰炸，拉姆齐指出：“客观地讲，如果忽略随后的宣传和原子弹的戏剧性效果，遇难者人数与平常相比相差并不太大。”

很不幸的是，在战争结束以后，事实上美国采纳了这位不知姓名的曼哈顿计划科学家的建议。第二次世界大战结束后不到 10 年内，美国发展并造出了氢弹。事实上比起摧毁广岛的原子弹，氢弹的威力确实大了许多个量级。

曼哈顿计划的科学家和工程师们对原子弹的所有参数进行了估计，很多结果都是正确的。据记载，他们估计的威力为 18 000～20 000 吨 TNT 当量，今天人们估计的广岛原子弹为 10 000～20 000 吨 TNT 当量，通常的说法是 15 000 吨 TNT 当量。他们也估计了离开爆炸中心一定距离地方的损坏程度。这些估计结果大多也是正确的。不能准确估计的是原子弹所引起的火灾程度。原子弹爆炸引起了无数的火灾，广岛消防局不堪重负，不能及时反应。因此，即使那些着火的建筑物通常能被扑灭，但因为没有足够的消防员去灭火，最终通通化为灰烬。因此广岛和长崎比估计的受损更为严重。

在轰炸广岛和长崎的至少一年以前，美国政府就精心策划了对日本城市的核打击。“华盛顿在一年多前就拟定好了所有用原子弹打击的目标，”拉姆齐回顾说，“他们禁止空军和海军在战争期间轰炸这些目标，来保证它们不是已经被轰炸过的。”美国打算专门“拯救”出一些日本城市免遭原子弹造成的那种地狱般的破坏。轰炸目标的原始名单里包括广岛、长崎、京都、小仓。后来由于战争部部长亨利·史汀生对历史名城京都有种特殊感情，因为那里有许多原始的古老寺庙和将军殿，所以他从名单中去掉了京都。

广岛和长崎遭到轰炸以后，美国科学家参加了对破坏程度的评估，以确定两颗原子弹的效果。美国物理学家罗伯特·塞伯尔被派去广岛和长崎。1967 年他在接受采访时说："我和比尔·彭尼去了长崎和广岛，第一次对破坏程度进行了简单分析。除了我们两个，还有一支从洛斯阿拉莫斯来的医疗队去了医院，主要是看看残留放射性。"这两位科学家的主要任务是尽可能准确地评估原子弹对这两个城市的破坏程度。塞伯尔解释说："如我们从油罐取样品，收集混凝土样本来分析它们的强度。通过从墙上留下的阴影长度，我们可以推算炸弹爆炸时所处的高度。你需要聪明地再现所发生过的事，测量炸弹带来的辐射损伤和其他物理效应。"

塞伯尔在日本待了两个月。他对当时情况的反应是："确实相当艰难。值得关注的是人类如何开展自我保护，在很短时间内能应对这样的形势是了不起的。当你来到这个被彻底摧毁了的地方，不到两天你就适应了，做你的事情，不用去管其他……这两个地方（广岛和长崎）在被美国人占领之前我们来过。"他个人觉得他在日本期间人身安全没有问题："……是很了不起，日本人似乎非常自律。天皇说他们应该与美国人合作。我和彭尼用了两三周时间走遍了整个城市，没有人威胁我们。人们似乎还很友好，真的不能想象。”塞伯尔说，其实美国人穿的是制服而不是平民服装，所以日本平民知道这都是敌军的人。塞伯尔最初曾计划介绍当原子弹爆炸时，飞行员应该距离多远，爆炸产生的冲击波是什么样子。他本来应该去广岛执行任务，负责从 B-29 的飞机上拍照，因为没有适合他用的降落伞而没有去成。

轰炸长崎有必要吗？看来杜鲁门政府不仅急于将核灾难带给日本，而且是接连两次。从给广岛扔下“小男孩”到给长崎扔下“胖子”，为什么只给日本人 3 天时间？没有人警告过日本必须在 3 天之内对这场已经进行了几年的战争做出决定。投下第二枚炸弹之前，没有任何人知道日本是否已经在

广岛爆炸的“小男孩”（左图）以及长崎爆炸的“胖子”（右图）
（图片源自网络“维基百科”）

广岛原子弹之后准备投降。

反对这种观点的人认为如果只用一颗炸弹会“失去出乎意料”的效果。但人们不明白的是，为什么拥有这种强大武器的一方有必要给即将被打败、准备投降的另一方制造这种“出乎意料”。

轰炸长崎有必要吗？日本的一个城市刚刚遭受了最可怕的一次灾难，需要再来第二次吗？有些人相信“没有理由认为一次打击就足够了；日本军方可以宣称你只有一颗原子弹所以并不是那么可怕”。当然这是值得推敲的。日本对炸弹在广岛造成的破坏可能需要几周时间才会理解。但他们没有时间来评估破坏程度，立即又遭到了再次轰炸。事实上，仅给日本 3 天时间就扔下第二颗原子弹，让人无法理解。

由此看来，是日本人拒绝了 1945 年 7 月 26 日美国、英国和中国要求他们投降的《波茨坦公告》以后，杜鲁门政府认定日本决不会投降。

当物理学家诺曼·拉姆齐第一次去提尼安岛为广岛攻击做准备时，他接到的指示是“可能需要 50 枚核弹来迫使日本人投降，以结束第二次世界大战”。

科学家不是决策人。他们已经为政府做了他们所能做的，决策是政府和军队的事。美国总统及其智囊团最终要对被原子弹摧毁的两座日本城市负责。可问题是，人们对广岛和长崎的真正内幕又能知道多少呢？

16 来自间谍行动的证据

近期解密的大部分有关第二次世界大战结束期间美国决定轰炸广岛和长崎的关键资料，均来自盟军对日本外交通信的特殊间谍行动所得到的“超级机密”文件。这些文件使60多年来的一个老问题逐渐变得清晰：有必要对广岛和长崎实施原子弹打击吗？

而能够提供一些新信息的第一份文档是美国战争部部长在1945年4月的一份内部备忘录，是向日本投放原子弹的4个月前写的，其中谈了政府如何对待发展原子弹的问题。这份现在已经解密的材料里记录了亨利·史汀生与总统哈里·杜鲁门在1945年4月25日的讨论。亨利·史汀生写道：

（1）在未来4个月内，我们极有可能造出人类有史以来最可怕的武器，一颗原子弹足以摧毁整个城市。

（2）虽然我们与英国共享整个成果，但美国目前处在控制其制造和使用这种资源的地位。几年内没有任何其他国家能够做到这一点。

（3）不过可以肯定的是，我们不可能永远处于这种地位。

这份材料提到一些非常关键又敏感的事情，是杜鲁门和史汀生在1945年4月时对形势的看法。这两个人会面时还有格罗夫斯将军在场，不过他不得不从后门进入白宫以避开媒体。这是在富兰克林·罗斯福于4月12日去世后，杜鲁门接任总统后仅两周的时候，第一次真正了解了曼哈顿计划的细节，并得知原子弹很快就要制造成功。虽然这份材料没有直接提到日本，甚至在总统和战争部部长的谈话之间没有涉及战争结束的情况，接下来的记录却非常清楚地表明日本是第一颗原子弹的打击目标。

这些人的意图不只是战争。人们可以从中看出一些端倪——在美国决策者心目中，日本将发生什么并不十分重要，重要的是战争结束后的世界形势，即强调需要设法遏制核武器。

4月25日晚些时候，格罗夫斯将军写了一份备忘录，其中提到他见到了总统，“向总统汇报了所有关于曼哈顿工程区的事务”。这份材料说，总统询问了许多有关问题，这些问题战争部部长都回答了，并不需要格罗夫斯给予过多的解释。材料写道：“总统没有把报告留下，他觉得内容还不够充实。许多重点要放在对外关系方面，特别是苏联的局势。总统对花了多少钱并不是很关心，但很明确地指出，他对这个项目的必要性完全赞同。”

有些专家从这种思想推测，广岛遭受的命运至少部分是美国在向苏联发出的一种信号。

杜鲁门就任总统以后，格罗夫斯将军似乎想利用原子弹项目当作杠杆来增强他的政治影响力。正如我们从下一份文件中看到的，军人格罗夫斯企图变成一位政治家和政策制定者。在他会见总统的两天前即 4 月 23 日，格罗夫斯向战争部部长提交了一份 24 页长的“绝密”材料。这份现在已解密的格罗夫斯给史汀生的材料上写道：“核裂变原子弹的成功研制将为美国提供一种威力巨大的武器，将是迅速赢得当前战争、挽救美国人生命财富的一个决定性因素。如果美国继续率先发展原子武器，未来将会变得更加安全，对维护世界和平极为有利。”这里有对国家行为的未知假设，听起来像是一项政治声明。奇怪的是它出自一位权力非常有限的军方人员。

史汀生 1945 年 5 月 14 日以后的日记进一步表明了当时杜鲁门政府的思想，就是密切注意苏联，而不是实力已经大不如前的日本。战争部部长描述了与美国国务院的官员们以及与英国外交大臣安东尼·艾登之间的各种会议记录。他写道：“……我本人的意见是，我们目前对付苏联的方法是闭上嘴巴，让行动替我们说话。苏联更懂得这些。我们要取得领导地位，不需要要什么手腕就能成功。”虽然原子弹这个词没有在史汀生的（非机密）私人日记里提到，但他在暗示什么是很明显的。他支持这样一种看法，即对苏联的政策最终决定了美国对广岛和长崎的轰炸。

他和杜鲁门政府高层和总统本人的其他会议记录里，非常明显地表现出对苏联的注意。在一份 1945 年 6 月 6 日他与杜鲁门总统会晤的备忘录中，亨利·史汀生写道，前一周临时委员会的会议上同意：

（1）在第一颗原子弹打击日本之前，苏联或别的国家不会关注我们的 S-1（原子弹的通常代码）。

（2）三巨头会晤[①]时可能出现非常复杂的情况。他（杜鲁门）告诉我，他故意把会晤推迟到 7 月 15 日，目的是给我们争取更多时间。我提出，如果可能，希望推迟更长时间。苏联将提出要求我们和他们合作，我想，我们的态度是与当初苏联对待我们的做法一样，即简单声明说我们还没有完全准备好这样做。

美国的政策已完全聚焦在苏联，日本在那个时候已经接近投降了。在制定政策时，通过秘密渠道，美国充分掌握着日本政府最高层的动态。

美国和英国的密码破译专家们在第二次世界大战期间，甚至在战争开始之前，一直致力于破解敌人的通信密码。日本人的代码用颜色表示。第一个是“红色代码”，早就被破解了。在名为“超级”的行动计划中，英国成功破解了纳粹的代码制作机——恩尼格玛机。在战争期间，纳粹与日本人共

① 三巨头会晤即波茨坦会议，1945 年 7 月 17 日—8 月 2 日在德国柏林附近的波茨坦举行。第二次世界大战中取得胜利的同盟国一方在此聚首，讨论决定如何管理 5 月 8 日无条件投降的纳粹德国以及战胜日本后对日本的处理方式——译者注。

享恩尼格玛机的功能，衍生了更复杂的日本“紫色代码”。美国专家在英国的帮助下对这个代码进行了研究。一旦能破解此代码，美国陆军及海军情报机关就可以经常截获并破译日本的军事和外交通信，汇总分析出来交给政府的最高级官员，包括美国总统本人。

破译日本秘密外交通信的“超级机密”行动代号叫“魔法”。2005 年（第二次世界大战结束 60 周年）以后，部分“魔法”通信宣告解密。这些战时的最高机密揭示了原子弹轰炸广岛和长崎的一系列指挥决定。直到最近，这些文件才被广泛公开。

1945 年 7 月 12 日，“魔法”传来了一份超级机密文件，有关日本外务大臣东乡茂德给驻莫斯科大使佐藤尚武的密电。电报向佐藤通告日本天皇的决定，向苏联求助以结束战争。然而苏联已经向盟军承诺对日本宣战，以尽快结束这场全球冲突。但当时日本对这件事却毫不知情。

日本继续做这些毫无结果的努力，希望通过苏联或其他中间国寻求和平而不是直接找盟军。下面一份呈交给总统的“魔法”文件表明，杜鲁门政府在 1945 年 7 月就完全知道日本正在求和。这份 15 页的文件（其中的 12 页于 2005 年 6 月 30 日解密）发出了如下信息：

超级机密

1945 年 7 月 12 日，1204 号

战争部，美国通信局 G-2

“魔法”——外交简报

日本和平进程：7 月 11 日，外务大臣东乡发送给佐藤大使以下“十万火急”的消息：

“日本在国内外面临紧迫局势，我们现在正秘密考虑结束这场战争。因此你和莫洛托夫（苏联外交部部长）会面时，按照以前的指示你不要局限于只谈日本与苏联之间的友善关系，还应该试探在多大程度上可能利用苏联来结束战争。”

第二天，第二封“魔法”文件被送交给美军总参谋长。这是截取的有关东乡和佐藤往来于东京和莫斯科之间的电报，主题是“日本和平倡议”。这份文件含有军方首席情报官对日本人在莫斯科有关活动的推测：

（1）天皇亲自站出来表达他放弃军事对抗、倾向和平的意愿。

（2）在和那些鼓吹拼死抵抗的军国主义分子的较量中，包括一些陆军和海军高级将领的保守派占了上风。

（3）日本执政集团正在协调通过努力避免全面失败。他们相信，第一，有可能开价买通苏联参与干预；第二，日本和平倡议可能受到美国国内对战争厌倦者的欢迎。

军方首席情报官对这份文件的评估是：“这其中（1）是不可能的，（2）是一种可能性，（3）极有可能是日本背后的主要推动力量。”

不论这 3 点中哪一点更现实，很显然日本希望结束这场战争。他们投降的条件是希望通过谈判达成一项和平条约。1945 年 5 月 8 日，纳粹投降结束了欧洲战争。日本希望能找到类似的解决方法。为了挽回失败的面子，日本拒绝了“无条件投降”的要求。但因为他们显然早在 1945 年 7 月 11 日就准备结束这场战争，人们不禁要问，为什么美国不能同意以让日本人满意的条件结束战争，而是继续对日本实施原子弹攻击计划。通常对这一问题的回答是日本人“不准备和平”——但很清楚“魔法”带来的情报不是这样的。对“不准备和平”的日本，美国计划于 1945 年 11 月全面入侵，那样的话将会有“成千上万美国人丧生”。

7 月 13 日，另一份“魔法”文件发布，发出了如下信息。

军事

日本和平进程的后续消息：7 月 12 日——在获知日本佐藤大使希望“依靠苏联来结束这场战争”的第二天——外务大臣东乡寄来标有“十分紧急”的附加消息。“我尚未收到关于您与莫洛托夫会谈的电报。因此，虽然可能像是没有先侦察就开始进攻，我们认为现在需要再进一步，在三巨头会议开幕之前通告苏联关于皇室希望结束这场战争的意愿。因此，我们希望你就如下条款和莫洛托夫讨论这件事：

天皇陛下注意到，目前战争每天都给所有参战国人民带来痛苦和牺牲，他真心希望战争尽快结束。但如果英国和美国坚持要求我们无条件投降的话，日本帝国没有其他选择，为了荣誉和祖国存亡只有集所有力量打下去。天皇陛下不愿意看到双方进一步流血，为了人民福祉他希望尽快实现和平。

天皇的上述愿望不只是对他的国民，也是出自他对人类福祉的关心。天皇打算派近卫王子作为特使带一封信去莫斯科。请把此事告诉莫洛托夫，以得到苏联的同意让特使前往。”

日本天皇清楚地知道，和平协定的主要障碍是他不愿离开办公室退位，破译的情报清楚地证实了这一点。这些信息符合前面“魔法”文件中的推测（1），这表明天皇对和平感兴趣，压制日本军国主义分子。这些信息支持一种看法，即日本想要结束这场战争，寻求洽谈和平协议条款。苏联没有满足日本天皇的请求，却为了自己的利益在广岛原子弹爆炸之后对日本宣战，其目的是想从战争中获取利益。

进一步截获的信息表明日本政府很不情愿“无条件投降”，也不愿让天皇退位，但仍希望能尽快达成结束战争的协议。他们愿意谈判。在“魔法”截获的7月18日由佐藤大使给外务大臣东乡的密电中，佐藤提议，只要日本帝制能保存下来，日本政府可以同意无条件投降。这表明有些日本官员对尽快结束敌对状态、达成和平协议已经不顾一切。

日本一直希望苏联出面调解，似乎不愿意接受苏联无意出手援助这一现实。也许这就是为什么他们的和平行动没有成功的原因。但事实仍然是，通过“魔法”行动，美国政府完全知道日本确实在寻找立即结束战争的方式，在寻找一个保留脸面的办法——这在他们的文化中是非常重要的东西。而日本皇室直到今天仍然存在这一事实，说明废除王室并不是当时美国的主要目的。也许美国就是想给日本一个不能接受的最后通牒——一个日本只能拒绝的通牒。无论如何，天皇绝不会是这出戏的重点，有明显迹象显示，他后来真正期望和平。

7 月 26 日，杜鲁门、丘吉尔和代表中国的蒋介石提出了他们的强硬要求：日本必须无条件投降——没有任何谈判余地。《波茨坦公告》以这种措辞开始：“我们的条件是，不能有任何偏差，没有任何调和余地，不容忍任何推延。”结束语是：“否则日本将面临即刻、彻底的毁灭。”

1945 年 7 月 29 日的“魔法”截获了可以说是史上最有趣的一次通信。这个敌军内部信息揭示日本政府完全被《波茨坦公告》那种冒犯和强硬的措辞震惊了。无条件投降的要求是他们意料中的，可是《波茨坦公告》使用的攻击性语气完全出乎意料。日本人感觉苏联出卖了他们，向美国和英国以及同盟国透露了日本打算不惜一切代价祈求和解。日本显然没有想到，美国人根本不需要靠苏联出卖日本人，因为他们早已破解了日本的密码。“魔法”发出的信息如下。

超高级机密

1945年7月29日，1221号

战争部，美国通信局G-2

“魔法”——外交简报

东京“研究”盟军的最后通牒：7月28日，外务大臣东乡向佐藤大使发送了如下信息。

我们的参考号944

（1）有关英国、美国和重庆的《波茨坦公告》，苏联的立场对于我们制定未来相关政策极为重要。鉴于这一事实——（词语不清，大概意思可能是“随着它的发展，以前颁布的文告”）三巨头会议——魁北克、开罗等——所有都（事先）通报苏联，我认为很难相信苏联对这个联合宣言事前不知晓。

（2）此外，实际上关于派遣特使问题我们还在等待苏联的回复，因此问题有可能是这个通牒和我们的建议之间没有关系。我们对是否存在这种关联非常关切，换句话说，是否苏联政府把我们的建议告诉了英国人和美国人，（我们也关切）苏联未来对日本采取什么样的态度。

上述情报中，所有括号内的词句都是“魔法”情报的原文。

在与英方和重庆（中方）一起举行的波茨坦会议期间，当美国得知原子弹已经准备就绪，任何时候都可以对日攻击后，顿时有了底气。他们通过“魔法”知道日本已经非常脆弱与绝望。这使得杜鲁门在迫使日本无条件投降上丝毫不肯让步。

7 月 20 日的一份日本首相办公室会议记录显示，日本人相信美国人认为日本最关心的是维持皇室，美国人并非意图破坏天皇在日本民族的地位。这些看法来自日本使馆陆军武官 7 月初在瑞士和戈若·冯·盖维尔尼茨的接触。盖维尔尼茨是德国血统的美国人，是约翰·福斯特·杜勒斯（当时还不在政府里）的私人秘书。这份文件指出："如果日本真要继续这场战争，国家将陷入可怕的状况，民族分裂、食品短缺等，日本人口将减少近一半。"他最后说他认为"和美国人保持沟通是有利的"。

尽管美国人很清楚日本希望求和，一直在寻找一种不至于完全丧失脸面和民族尊严的方式，可是这些接触既没有持续很长时间也没有产生任何效果。之后不到三周时间，广岛被摧毁了，而杜鲁门本人还在从波茨坦回去的路上。3 天后，日本还在评估广岛的损坏情况，准备回应投降的通牒，长崎又遭到第二颗原子弹的打击。执行这次任务的飞机离开提尼安岛后飞往日本城市小仓，但小仓的天气不好，影响能见度。第二个目标长崎也是多云天气。他们最终穿越云层定位在三菱钢铁厂，扔下了"胖子"。爆炸使至少 7.5 万人当场丧生，还有许多人死于后来的辐射效应。

在 3 天时间里，美国飞机能两次自由往返日本这一事实说明战争打到了那个时候，日本确实已经不堪一击了。除了警报器以外，他们好像没有任何防空系统。很多城市已经遭到了多次常规轰炸。他们已经是一个即将投降的民族，不再需要利用全面入侵来迫使它投降。所以，轰炸广岛和长崎“拯救了成千上万美国人的生命”这一说法看来是有问题的。

美国已经势不可挡——日本投降与否、美国科学家的反对声音、不用这种终极武器也能结束战争的争论，统统无济于事。巨大的资源已经投进了这个前所未有的原子弹工程，军方需要展示为这个东西所耗的费用和国家的努力。纳粹为原子弹制造了这场竞赛，即使纳粹现在已经投降，可是曼哈顿计划有了两颗能用的原子弹，他们需要用到某个地方。美国政客们深深懂得，这些炸弹可以起到一种向苏联传递信息的作用。

17

冷战

广岛和长崎遭受原子弹打击之后，第二次世界大战随即宣告结束，接着冷战开始。1945 年 8 月 15 日，日本投降，道格拉斯·麦克阿瑟将军率领的美军接管日本。但是，在那之前的一些事态凸显了下半个世纪国际冲突的主线。

8 月 8 日，即广岛原子弹爆炸的两天后、长崎原子弹爆炸的前一天，苏联向日本宣战，开始进攻“满洲”。很明显，苏联考虑的是未来，是接踵而至的冷战——他们想要得到最大的控制势力。

如果美国认为用核武器可以阻挡住苏联的野心，那就完全错了。可以说正是广岛和长崎事件制造了冷战。如果美国从来没有使用过原子弹，冷战或许形成得很慢，甚至可能根本不产生冷战。而现实是苏联需要急迫上马自己的核计划，以抗衡美国核武器的发展。

在战争结束的前一年，甚至早在开始制造第一颗原子弹之前，有些科学家就考虑到发生军备竞赛的可能性。他们寻找阻止它的办法，或者至少能够减轻其影响力。

1944 年 9 月 30 日，在广岛原子弹爆炸的 10 个多月以前，万尼瓦尔·布什和哈佛大学校长詹姆斯·布莱恩特·科南特（他同时也在美国政府的科学研究与开发部担任咨询）给战争部部长写了一份备忘录，回答他对战后“特殊项目”（即曼哈顿计划的代号）的质询。备忘录的附信中总结了如下要点：

（1）到明年夏天，这将成为一项重要军事行动。

（2）这个事态在战后将迅速蔓延，军事行动将不可避免。

（3）一旦军备竞赛发生，我们国家的暂时优势可能会消失，甚至整个情况将会逆转。

（4）（核武器的）基本知识已在传播，试图通过保密来保证我们的安全已经不可能。

（5）不能依赖控制核燃料供应来控制核武器的使用。

（6）存在一种希望，可以在此基础上防止军备竞赛，甚至可能推动未来世界和平，就是在这个问题上，通过国际科学和技术交流，形成一个由各国成员组成的国际委员会，并具有督察的权力。

早在原子弹诞生的一年前，还是在战争期间，一些颇有远见的科学家已经意识到核武器扩散的深层含义，并开始设法减少核扩散对世界和平的危害。

布什和科南特对原子弹问题做了如下深入分析：

就目前的军事状况来看，可以充分相信的是原子弹将在1945年8月1日以前展现于世界。就破坏力而言，生产中的这种原子弹类型相当于1 000～10 000吨的高性能炸药。这意味着一架携带一颗原子弹的 B-29 轰炸机对一般工业和民用目标造成的破坏相当于100～1 000架B-29轰炸机。

他们继续写道，不能指望美国可以维持核垄断，呼吁加强遏制和国际管制。缺乏这种控制最终带给我们的将是美国和苏联之间的冷战。

可是苏联很快就造出了自己的原子弹。接着，两个超级大国不断地着手改进原子弹，在全球范围内继续着这类既昂贵又极具破坏性、危害人类健康的试验。美国的核试验毁掉了太平洋的比基尼环礁，产生的辐射尘埃经常刮到俄勒冈和华盛顿州。虽然后来的实验挪到了内华达州的沙漠地带，可是辐射尘埃可以轻易地从那里吹到欧洲大陆的很多地方。苏联则把北冰洋的新地岛用作核试验场。后来，英国、法国和中国也相继进行了核试验。英国在澳大利亚进行核试验。法国在20世纪70年代的核试验完全破坏了波利尼西亚的原生态环境。中国在中亚沙漠人迹罕至的罗布泊进行了核试验。这些爆炸给我们的环境造成的辐射量大得令人难以置信，对人类健康造成的危害将持续几个世纪。

20世纪50年代，曾经与费米一起参与曼哈顿计划的核物理学家爱德华·泰勒和移居到美国的波兰数学家斯坦尼斯瓦夫·乌拉姆（1909—1984）一起设计氢弹。氢弹模仿恒星内部过程，其巨大威力来自两个原子核形成一个单一实体的融合过程。实现这种过程本身需要大量能量，这就是为什么它只能在炽热恒星的中心发生。可是过程一旦发生，将会释放巨大的能量，让通常的裂变原子弹相形见绌。铀在这里再一次起着关键作用。要引爆一颗氢弹，首先需要引爆铀或钚核裂变原子弹。泰勒-乌拉姆的设计方案解决了聚变的技术问题，即通过核裂变提供聚变所需要的热能。

1952 年，美国在太平洋上的埃内韦塔克环礁进行了第一次氢弹试验。3 年后，苏联也进行了氢弹试验，军备竞赛加剧。相比之下，一颗核裂变原子弹产生的破坏力相当于数万吨 TNT 当量（例如广岛原子弹相当于 15 000～20 000 吨的烈性炸药当量），而一颗氢弹（核聚变原子弹）的威力通常以百万吨 TNT 当量（即相当于数百万吨的烈性炸药）来度量。冷战时期生产的威力最大的一颗氢弹约为 5 000 万吨的 TNT 当量（苏联在 1961 年的一次核试验）。如果一颗 15 000～20 000 吨 TNT 当量的原子弹就能摧毁一个广岛，试想一颗威力是其 2 500 倍的氢弹能造成多大的损害。

一些曾参与原子弹计划的科学家再次站出来抵制政客们滥用他们的研究成果。在 1955 年冷战的高峰期，一些著名科学家共同签署了所谓的罗素-爱因斯坦宣言。这份宣言敦促世界各国领导人抛弃那种毫无益处又极度危险的核竞赛，通过外交途径解决各国间的问题。就在那一年，这份宣言最重要的一名签署人，伟大的科学家、和平倡导人、人权主义者阿尔伯特·爱因斯坦去世了。

为了实现核裁军，利奥·西拉德在他的晚年努力与苏联周旋。他于 1959 年 9 月开始给苏联领导人赫鲁晓夫写信，敦促他坐下来与美国讨论裁军问题。西拉德写给赫鲁晓夫的一些信得到了回应，他甚至在 1960 年 10 月得到了和苏联领导人会见 2 小时的机会。他还和苏联一些外交官进行过会面。西拉德的努力旨在推动美国和苏联科学家之间的会谈，讨论关于核裁军可能的解决办法。更早之前，在 20 世纪 40 年代，西拉德就曾给杜鲁门和斯大林写信，试图呼吁科学家以及非科学家们一起讨论核问题。由于苏联方面在赫鲁晓夫之前一直没有回应，这些早期的尝试没有结果。

1960 年 11 月 12 日，西拉德与爱德华·泰勒一起就“国家的未来”这一主题参加了 NBC 的电视辩论。西拉德在辩论中说：“美国和苏联有一个根本性的共同利益，即我们都想避免一场彼此都不希望的战争。苏联一直强调裁军是通往和平的道路。而直到最近，我们对裁军仍不是很积极。如果你仔细听了我们的讨论应该明白，我们做得还很不够。”西拉德继续说道，“虽然裁军不能自动保证和平，但是让我们试想一个没有核武器的世界。即使在一个无核世界，美国和苏联在军事上也是足够强大的，可以主宰别人。”西德拉以强有力的辩解说明美苏双方核武库的总量和总功率已经太大了，继续扩充这种威力无比的核弹库绝对是不合逻辑的。美苏必须达成一致，停止这种疯狂的竞赛。虽然西拉德的这些声音没有立即显现成效，可他还是继续为世界和平和美苏之间削减核武器的谈判奔走呼告，直到他1964年去世。

1960年左右的西拉德
（图片源自网络“维基百科”）

第二次世界大战结束以后，美国国防的主要战略目标是“威慑”。其基本思想是和强硬的苏联针锋相对，大力发展和制造各种核武器：有一些是陆地上的，有一些战略轰炸机保持每天24小时在全世界飞行，还有一些核潜艇在公海巡逻。根据这种政策，美国似乎不断地在向苏联传递一个信息：“不要打算使用核武器或大型常规武器攻击我或我的盟友。如果你敢试试，我们将对你使用核打击。”

可是苏联也在建造自己强大的核武器库，事实上它们有些武器比美国最大的氢弹威力还大。所以，必须以一种对称的方式去看美国的威慑政策：“我们吓唬你们，可你们也吓唬我们。”如果这种恐吓哲学继续发展下去的话，双方都竞相生产越来越多的核弹，则会出现一个新的、非常恐惧的概念，或许它将主导美苏双方接下来几十年的核防御政策，这就是相互确保摧毁原则[①]。

依照这个思路，既然美国和苏联拥有这么多核武器（双方各拥有数万枚）以及发射核弹的手段，一旦全面核战争爆发，双方都将被全部消灭。沿用同归于尽的说法，美国宣称其“已准备就绪，在苏联发动攻击之前、期间或之后的任何时间将苏联由一个正常社会彻底摧毁”。

那么谁将首先使用核武器呢？为了削弱敌方攻击美国的能力，美国可能考虑首先攻击苏联。一个被视为对付苏联的可行办法是，首次攻击需要强大到足以摧毁敌人所有的导弹，以阻止他们对美国的任何可能反击。这就需要发展装备核武器的洲际弹道导弹，建立直接瞄准苏联领土的弹道核导弹基地。这种核政策的根本问题是，是否、如何，以及在什么情况下，美国总统可以做出这种极其危险的决定，从而武力打击（也意味着彻底毁灭）苏联。冷战时期还有另一种策略，就是“消耗敌人的力量”。

苏联也针对美国使用区域冲突这种消耗政策。其目的在于降低敌人专注于全球冲突的能力，消耗敌人的资源和储备，

① 相互确保摧毁原则（Mutually Assured Destruction，MAD），是一种“俱皆毁灭”性质的军事战略思想，指对立的两方中如果有一方全面使用核武器则两方都会被毁灭，被称为“恐怖平衡”——译者注。

不断化解全球对抗。苏联和美国之间的这种消耗战带给我们的是朝鲜战争、古巴导弹危机、柏林墙冲突、越南战争以及许多其他区域争端。而美苏两个大国则在非核对抗下保持着一种平衡。但是 40 多年来，任何一次区域冲突都将可能演变成一场全面核战争，这种风险依然一直笼罩着我们的地球。

这种策略的缔造者之一是亨利·基辛格。早在成为尼克松总统的国家安全顾问以及后来的国务卿之前，当时还是哈佛大学教授的基辛格在 1957 年出版了《核武器和外交政策》这本畅销书。他在书中主张："我们必须永远不忘，我们的目的是要左右敌人的意志，而不是消灭其肉体。战争只限制在向敌人展示一种他们必须面对的风险指数……每个（军事）行动都应该设想为一系列的自成一体的阶段，而每个阶段都有其政治目的，阶段之间要留有足够的时间去运用政治和心理压力"。按照基辛格的这种策略，1961—1962 年的古巴导弹危机[①]呈现过不祥的预兆。1962 年 10 月中旬，当核战争爆发处在千钧一发的时刻，美苏双方领导人谨慎沟通，秘密谈判，苏联解除了部署在古巴领土上的核导弹，否则世界将面临一场核灾难。

接下来的几十年里，在削减双方核武器的数量上取得了一些成功，使得全球对抗降温。《限制战略武器条约》有效地

① 古巴导弹危机又称加勒比海危机，是 1962 年冷战时期在美国、苏联与古巴之间爆发的一场严重的政治、军事危机。事件爆发的直接原因是苏联在古巴部署导弹——译者注。

使双方裁减了核武库。但冷战几乎一直持续到 20 世纪的最后 10 年。

1989 年，苏联开始解体。1992 年 6 月 17 日，乔治·布什总统和鲍里斯·叶利钦总统同意分别大范围削减美国和俄罗斯的核武器，使双方从各自的数万枚核弹到每个国家最多拥有 3 500 枚。原子弹中的裂变材料生产几乎完全停止。从 1964 年开始，美国再没有生产用于核武器的铀-235，主要原因是从原矿石中很难分离出铀-235，而提纯从核反应堆中产生的钚要相对容易。不过，因为双方同意削减核弹头数量，自 1988 年以后，钚的生产计划也被搁置（现存核武器继续被销毁，但进度很慢）。

在 1991—1992 年，美国潜艇中装备的核弹头数目下降了一半，海神波塞顿（C-3）和三叉戟 I（C-4）战略核潜艇装载的 352 枚核弹头降到 176 枚。类似的削减还包括装备在双方的国外战略轰炸机上的和存放在国内的核武器库里的核武器。

1982 年，一些专业文献文章提出了有关核武器的一种新的危险，它甚至比死亡、毁灭或辐射损伤这些更加可怕。以荷兰的诺贝尔化学奖得主保罗·J.克鲁岑为代表，包括之后的卡尔·萨根，还有其他一些科学家们提出，地球上任何地方如果有许多核爆炸事件发生，最终将导致产生所谓的“核冬天”。因为当烟尘和燃烧产生的微粒上升到大气层时，将会遮挡太阳辐射，导致地球上的温度急剧下降，农作物将全部死亡。核冬天将冻结一切，以致人和动物没有东西可吃，都将很快死亡，最后将终结我们赖以生存的地球。

科学似乎在这一次成功地影响了政治决策。当美苏双方都意识到核战争不会有胜者，核战争一旦爆发，所有人都无一幸存这个事实之后，政客们的思维开始发生变化。科学的发现阻止了核战争的爆发，促使敌对双方开始在世界范围内限制核弹头数目。然而，据最新估计，即使在中东地区或印度与巴基斯坦的区域冲突中，如果有 50 个广岛原子弹大小的核弹丢下去，也将足以导致核冬天的产生，使地球灭亡。如此看来，即使西方和俄罗斯之间的对抗可以结束，人类仍然会面临核威胁。

18 铀的未来

铀的应用有巨大的利益，也有一系列特殊风险。无论国家大小，在核扩散、核能利用以及铀在医学研究与治疗中的应用上，都面临着艰难的决定。

21 世纪必须是消除核扩散的年代。我们现在已拥有了检测环境中微量辐射的技术，各国政府必须合力制止核材料的非法贸易。与此同时，研究人员还必须研究开发新的方法来检测那些不法核活动。

各国政府还需要大力解决核废料问题。我们必须确保民用核电站从铀中得到的能量是清洁和安全的，同时继续致力于长期发展替代能源，并设计新型核电站以确保几乎绝对的安全，避免和应对核事故与核恐怖。

战争驱动了原子弹的制造，导致了原子时代的到来，同时也使人们对如何利用核材料来发电有了科学认识。这可以追溯到恩里科·费米 1942 年在芝加哥大学所做的实验，该实验证实了铀的链式反应能够持续进行，不一定要纯铀-235 同位素。发电不像制造原子弹那样需要很多复杂的步骤。下面讲述在发电过程中，链式反应是如何进行的。

铀经过初步提炼，可使其包含的铀-235 同位素较天然存在的百分比高，但远低于制造原子弹所必需的浓缩铀水平。常见的铀同位素混合物可用作核电站的燃料，混合物中大部分是铀-238，仅含有少量铀-235。核电站的主要部分是反应堆：一个大的密封容器，可以很好地屏蔽辐射泄漏。反应堆置于一个密封的圆顶壳内，相当于提升了一个防护级别。

核反应堆装有由多个浓缩铀小球制成的燃料棒。铀原子核发生裂变，释放中子，这些中子接着撞击其他铀原子使其发生裂变。这个链式反应就是费米和他的小组在 1942 年实现的著名实验。反应堆内的铀链式反应使用重水、常规水、石墨或其他能够吸收多余中子的材料，以防止反应堆超临界发生爆炸。为了将核反应维持在一个可控水平，研究人员必须经常用镉制成的安全棒插入反应堆来控制链式反应进行的速度。

在反应堆内部发生的核反应过程中，热是产物之一，可由爱因斯坦质能方程给出解释。在链式反应中，铀发生裂变时质量随之改变，热是能量释放的一部分。核电站的目的就是利用这种热能来运行蒸汽轮机。核反应堆产生的热能用来把水加热到设定的高温，然后把热能转化成动能。拿蒸汽发电厂来说，沸水中产生的蒸汽进入汽轮机并推动其转动。这一点与蒸汽机车或轮船原理相同，只不过这里用核能取代了煤或其他燃料能源，用铀裂变的可持续链式反应产生的热来运行汽轮机。

利用来自蒸汽的动能旋转磁场中的大型铜线圈，可将蒸汽轮机运动的动能转化为电能。在发电机内，当金属导线在大型磁铁产生的磁场中运动时，就产生了电流——电子在导线中的定向流动。这就是说，铀的裂变可以用来发电。这个过程的效率非常高：通过少量铀衰变产生的热量要比通过大量化石燃料燃烧产生的热量多得多。但核能有其自身的特殊问题。

浓缩铀小球一旦使用过，将产生各种无用的放射性元素，不再产生热能。所以它们必须从反应堆中移除，而放入新燃料。这一操作是在反应堆关闭维修和添加燃料时进行的。但是核废料具有高度的放射性，许多核反应产物数千年后仍具有放射性，所以必须寻找一个安全处理核废料的长久之计。到目前为止，人们只是采用了一些临时措施来处理核废料：将核废料封闭在一个容器中或者送到核废料处理设施中，但这两种方法都不能保证永久安全。

苏联与英国是第一批利用这种新的核电技术发电的国家。1954 年，在莫斯科西南部的奥勃宁斯克，苏联实现了世界上第一个小型研究反应堆与公共电网联网，向常规电网输入了约 5 兆瓦的少量核电。

英国政府一直使用位于英国西北部坎布里亚郡的一个叫塞

拉菲尔德的设施进行核武器研究制造。1956年，英国政府在这里建成了卡尔德霍尔反应堆，把研究中使用的核反应转变成大规模民用电力。这个反应堆提供的发电量是第一个苏联反应堆的10倍。经过近50年的服役后，该反应堆于2003年关闭。

英国人努力尝试对塞拉菲尔德用过的铀进行回收利用，而不是简单地储存。由于在核反应堆中产生了钚，钚也可以用作反应堆的燃料，他们看到了节省资源的机会。他们的想法是重新处理核电站的废燃料，从中提取可重复使用的钚，用作产生电力的新燃料。于是英国在塞拉菲尔德设施内建立了核燃料后处理厂。可是核燃料的后处理是一项非常困难和危险的工作。废燃料中除了可用的钚之外，还包含其他高度放射性的元素，这些放射性元素必须用不产生污染的干净方式来提取并移除。然而，塞拉菲尔德后处理设施一直饱受环境中辐射释放问题的困扰，到目前为止仍然没有实现其初衷。

1957年12月，美国在宾夕法尼亚州的西平波特建造了第一座核电站，在以低功率测试运行了一段时间后，1958年，其发电功率达到了60兆瓦。这座反应堆运行了四分之一世纪后，于1982年退役，随后被拆除。西平波特核电站是1953年在美国总统艾森豪威尔的倡议下，宣布大规模发展核电后的第一座反应堆。从那以后，美国建立了100多座核反应堆，每个州大约有两座，其中104座至今[①]仍在运行。核能一直被

① 这里的“至今”是指“至2009年”——译者注。

认为是一种清洁和相对便宜的能源。因此，今天美国近 20%的电力来自核能。

1945 年第二次世界大战结束后，弗雷德里克·约里奥被任命为法国新原子能委员会主任。在他的指导下，法国发展了军用与商用原子能。法国急于开拓原子能的应用，开始在他们位于阿尔及利亚殖民地的撒哈拉大沙漠进行原子弹试验。法国试验的第一颗核弹为 70 000 吨 TNT 当量——约 3 倍或 4 倍于托立尼提或广岛爆炸核弹的威力。有了强大的核武器装备后，法国转向了核电站建设。在 20 世纪 70 年代，法国的原子能应用飞速发展，目前[①]仍有 59 座反应堆在运行中，为法国提供了高达 80%的电力（确切的百分比不是很清楚，这是上一任[②]法国总统竞选中辩论的问题，当时总统候选人都不知道实际百分比；不过大家都认为这个比例不少于 80%，是世界上所有国家中最高的）。由于核电在总电力产量中占有如此高的比例，法国在和平利用核能方面成为世界之首，甚至向其他国家出口核能。

此外，许多其他国家，包括日本、中国和许多欧洲国家也都发展了核电。目前[③]全球共有 439 座核反应堆在运行，提供的电能约占全球总发电量的 15%左右。核电的最大生产国

① 这里的“目前”是指 2009 年——译者注。
② 这里“上一任”指第 23 任——译者注。
③ 这里的“目前”是指 2009 年——译者注。

是美国、法国和日本，目前有 55 个核电反应堆[①]在运行。大型反应堆可以产生巨大的能量，最大的功率可达 1.5 亿瓦。几十年来，核能已发展成为世界高度依赖的一种主要能源。

除了为大众消费提供电力的核电站以及用于军事、教育和研究的许多研究型小型核反应堆（电功率通常为几兆瓦），还有潜艇、航母甚至小型破冰船也都使用核技术来推进。用于舰船和潜艇的反应堆需要远小于陆地上的反应堆；为满足体积小的要求需用更高效的燃料。舰艇核燃料的铀-235 含量通常比核电站的比例更高，不过这一比例比武器用核燃料的铀-235 含量仍低得多。这些反应堆安装在船的发动机所在位置，通过产生高压热水与蒸汽推动汽轮机发电。实际上，这些都是小型核电站。在潜艇中使用核能推进的优点是潜艇可以在水下待很长时间，通常运行几年后才需要续加燃料。随着冷战的结束，这种核动力舰船的需求不断下降。事实上，俄罗斯使用了一些核动力舰艇为北极偏远城镇供电。

核能发电的未来如何？数十年来，世界各地的核电站和研究反应堆均发生了很多事故，而且还将继续发生。事故小的诸如一些与核无关的问题所导致的核电站关闭，还有大到使核电站工人甚至一般民众受到核污染的严重事故。在核能利用的前数十年里，英国和苏联从未公开其核技术问题。直到 1979 年，主流媒体第一次公开了一次事故。

① 这是 2009 年的数据——译者注。

1979 年 3 月 28 日凌晨 4 点，在美国宾夕法尼亚州哈里斯堡附近的三哩岛核电站第 2 组反应堆出现了一个小的技术故障，导致冷却反应堆的水泄漏。但是核电站的管理者并未察觉到出现的问题，没有采取纠正措施。随着水继续泄漏，反应堆温度急剧上升。最终，积聚的热量导致反应堆部分熔毁。由于反应堆被堆芯处含放射性物质的熔化金属部分损毁，辐射泄漏到环境中。

美国的反应堆有一个内置的额外保护：实际反应器外面加了一个安全壳，所以当辐射泄漏时，大部分仍然被安全壳包裹着。当情况得到控制、核泄漏停止后分析发现，核污染的总量相对较少。这个地区的癌症发病率并没有明显高于其他地方。尽管如此，三哩岛事故是核电史上的一个重要事件，因为它立即引起了公众对核安全的关注。7 年以后在地球另一端发生的反应堆事故就严重得多了。

1986 年 4 月 26 日清晨，苏联乌克兰的切尔诺贝利附近核电站工人关闭了 4 号反应堆的紧急预警系统，准备进行定期测试。没有了预警系统，他们就不会知道将发生什么。不料他们的测试引发了巨大爆炸。整个反应堆突然着火，爆炸后的碎片喷射到空中。由于苏联当初设计的反应堆上面没有再建造第二层安全壳，于是反应堆的高放射性物质进入了大气。然而，苏联当局却对事故保密，从而加重了灾难。他们甚至允许在该核污染区举行庆祝五一节的盛大公众游行活

切尔诺贝利核事故
（图片源自网络“维基百科”）

动，使数以万计不知情的民众完全暴露于高放射性水平的环境中。

这次事故数天后才为人所知。当时位于西北方向800英里的瑞典的一个核电站的工程师们注意到，他们测到了比平时高出许多的辐射。在经核实确定辐射并非来自他们自己的工厂后，他们推断大气层里出现了不寻常的事情。进一步的检测表明，来自东南方向的放射性污染云已经遍布本地。当西方国家进一步调查表明放射性污染来自苏联后，乌克兰政府才承认了这场灾难。那时，东欧和西欧大部分地区以及部分亚洲和北美洲地区都已经受到了辐射。

切尔诺贝利事故在全球范围内释放的放射性污染物据说是一颗原子弹爆炸产生的放射性尘埃的数百倍。它是历史上已公开核事故中最严重的一次——尽管苏联一直保密的1957年乌拉尔山脉核爆炸的破坏性可能接近切尔诺贝利事故。切尔诺贝利灾难导致了数以千计的癌症病例，主要发生在事故近邻区域。由于该核电站坐落在白俄罗斯边境附近，风经常朝着白俄罗斯方向刮，所以白俄罗斯受到很大影响。切尔诺贝利核事故后，白俄罗斯的癌症发病率显著上升。

在切尔诺贝利事故之后，意大利所有的核反应堆下马，许多国家也停止了新核电站的建设，或者至少是暂停建设。人们在等待关于核能安全的新的科学依据，以便做出更加合理的决策。

在切尔诺贝利事故 20 多年后，一些国家开始重新接受核能。瑞典政府在 2009 年 2 月宣布，他们计划用新的更有效的堆型来替换 10 座老式核电站。许多国家对核能的兴趣日益增加，其中有些国家开始重新审视他们对原子能的立场。

核能的重新抬头在某种程度上归因于全球气候变暖问题。燃烧天然气、石油和煤炭等化石燃料会导致大量的碳排放。当火电厂燃烧化石燃料生成的二氧化碳排入大气中后，会阻止地球表面的热向高空辐射，从而产生温室效应，使地球变热，温度普遍升高。核反应堆可以帮助降低温室效应，因为核能来自铀裂变，不会产生二氧化碳，核电厂不会释放温室气体。核能以及其他替代能源如风能、太阳能、水能可以减轻全球变暖。

除了二氧化碳，还有一些其他污染源也来自化石燃料电厂，例如人们熟知的致癌物氧化硫以及有害金属如汞。汞来自煤燃烧及被污染湖泊、河流、海洋中的鱼类，严重影响人类健康，尤其对孕妇有害，因为它会危害到胎儿的发育。碳燃烧生成的氧化物会导致酸雨的形成，而酸雨会杀死湖泊中的鱼类。核能可以帮助避免这些问题。

除了化石燃料燃烧造成的全球变暖与环境污染问题外，我们还面临另外的问题：那就是不稳定的油价和全球供应的局限。世界上大部分产油国在利益方面与消费国总有冲突。世界对于中东、非洲、南美洲国家石油资源的依赖性造成了经济不稳定和政治动荡，1973 年的石油禁运①就是一个典型事件。核技术的发展有助于缓解这些问题。

核反应堆造价昂贵的部分原因在于大部分国家严格的安全控制方面的要求。可是一座核电站一经投资建立，其后期运行花费通常要比以化石燃料燃烧运行的火力电站少得多，尤其是平均运行寿命超过 30 年的核电站。另外，核燃料能够通过再处理产生钚，从而使核废料得到回收利用。但回收利用过程需要比核电站更为危险的特殊工厂，而且运行起来非常昂贵。同时，核废料的危险一直存在。

原子有巨大的吸引力，人类可以找出新的方法来保证核电站的安全运行。即使目前核燃料再处理非常昂贵且危险，世界上仍然拥有大量铀矿石，可以为安全的核电站所用。这

---

① “1973 年石油禁运”又称为“1973 年石油危机”。由于 1973 年 10 月第四次中东战争爆发，石油输出国组织（OPEC）为了打击对手以色列及支持以色列的国家，宣布石油禁运，暂停出口，造成油价上涨。当时原油价格曾从 1973 年 10 月的每桶不到 3 美元涨到 1974 年 1 月的超过 13 美元，是 20 世纪下半叶三大石油危机之一——译者注。

里最重要的问题是安全性。如果核电厂能做到万无一失，那么铀资源的利用将带给人类一个使用清洁能源的未来，同时可以减少对石油的依赖。

除了设计新一代更安全的核电站外，我们还需要找到一个永久储存核废料的方法。正如辐射对人类及其他生物会产生伤害一样，辐射同样会损伤材料。装有放射性废料的钢罐经数十年后会慢慢被腐蚀，其原因是地下的侵蚀和内辐射损害。最终，钢罐会因腐蚀而产生泄漏，放射性同位素将流入地下水、河流或海洋，造成放射性污染。对于放射性废料处置，我们必须提前数十年甚至几个世纪来计划才行，必须考虑到数千年后的影响，但决策者们往往不做规划。

科学家能否解决核废料带来的严重问题，有待将来证实。这些核废料中的同位素半衰期长达数千年，故其放射性几乎是“永远”的。如果上述问题能够得到解决，能够生产安全、清洁的能源，那我们就可以利用核电站来解决全球变暖问题了，同时也可为数以亿计的人们提供负担得起的电力。

居里夫妇，特别是皮埃尔·居里和医生们一起开创了辐射在治癌方面的应用。最早的治疗方法是将镭注射到肿瘤中。镭的放射性要比铀强得多，会攻击其周围的组织，强大的辐射能够让肿瘤萎缩甚至完全消除。最终，受注射组织附近的细胞由于受到辐射而损害至死，癌细胞也随之消失。当然，问题是很难杀死所有的肿瘤细胞，同时将正常细胞的死亡率降到最小。

此外，辐射能够杀死癌细胞，同样也会诱发癌症。如果细胞核中的 DNA 螺旋结构被射线或粒子撞击，就会有原子外层轨道的电子被打出，从而破坏 DNA 链，造成信息的丢失。于是，由于其 DNA 被破坏，细胞分裂将以缺陷的方式进行。对于生殖细胞来说，就有可能导致癌症和遗传缺陷。因此放射治疗以及所有的电离辐射都有可能导致癌症和先天缺陷。但对于已经患有癌症的病人来说，放射治疗还是利大于弊的。

在 20 世纪 50 年代，民用和军用核反应堆曾经生产了许多种类的放射性同位素，科学家们从中找到了极好的同位素来替代昂贵的镭。镭的成本是每克 1 万美元，而反应堆中产生的 1 克钴-60 同位素可以提供与 1 克镭相当的辐射量，但其生产成本仅约 1 美元。反应堆生产的钴-60 和其他放射性元素目前在医学上已完全取代了镭。

放射性同位素也应用于医学诊断。由于这些同位素能够“发光”（他们的辐射可被传感装置探测和追踪），所以可用于多种医疗诊断。一个典型例子是应用锝（实验室中制造出来的一种放射性元素）来帮助医生观察患有动脉阻塞的人的静脉血管里血液的流动。另外，心脏性能的压力测试经常要用到放射性示踪剂，其使用后很快会随同排泄物一起排出体外。

如果解决了核扩散、核废料以及核安全这些世界性问题，在未来生活中，铀可以起到积极的作用。在没有放射性物质泄漏危险的核反应堆中，人们能够利用铀来生产清洁能源。作为核裂变副产品的放射性同位素可以继续用于医学，帮助人们诊断疾病和做肿瘤治疗。冷战的结束与全球经济的变化使人类处于一个十字路口，现在是做出有关铀及其应用这个重要决定的时候了，这个决定关系到地球的未来。

索引